U0822227

国家基本职业培训包（指南包 课程包）

装配钳工

（试行）

人力资源和社会保障部职业能力建设司编制

中国劳动社会保障出版社

图书在版编目（CIP）数据

装配钳工：试行/人力资源和社会保障部职业能力建设司编制. --北京：中国劳动社会保障出版社，2017

（国家基本职业培训包：指南包　课程包）

ISBN 978 - 7 - 5167 - 3315 - 8

Ⅰ.①装…　Ⅱ.①人…　Ⅲ.①安装钳工-职业培训-教学参考资料　Ⅳ.①TG946

中国版本图书馆 CIP 数据核字（2017）第 286223 号

中国劳动社会保障出版社出版发行

（北京市惠新东街 1 号　邮政编码：100029）

*

北京谊兴印刷有限公司印刷装订　　新华书店经销

880 毫米 ×1230 毫米　16 开本　10.5 印张　188 千字

2017 年 11 月第 1 版　　2017 年 11 月第 1 次印刷

定价：34.00 元

读者服务部电话：（010）64929211/84209103/84626437

营销部电话：（010）84414641

出版社网址：http://www.class.com.cn

编制说明

为贯彻落实《中华人民共和国国民经济和社会发展第十三个五年规划纲要》提出的“实行国家基本职业培训包制度”的要求，按照《人力资源和社会保障部办公厅关于推进职业培训包工作的通知》（人社厅发〔2016〕162号）的部署安排，“十三五”期间，组织开发培训需求量大的100个左右国家基本职业培训包，指导开发100个左右地方（行业）特色职业培训包。到“十三五”末，力争全面建立国家基本职业培训包制度，普遍应用职业培训包开展各类职业培训。在征求各地培训需求的基础上，经调研论证，人力资源和社会保障部组织有关行业专家编制了首批中式烹调师等10个职业的国家基本职业培训包。

国家基本职业培训包是集培养目标、培训要求、培训内容、课程规范、考核大纲、教学资源等为一体的职业培训资源总合，是职业培训机构对劳动者开展政府补贴职业培训服务的工作规范和指南，对于加强职业培训规范化、科学化管理，促进职业培训与就业需求有效衔接，推行终身职业培训制度具有积极作用。

此次编制的中式烹调师等10个职业的国家基本职业培训包遵循《职业培训包开发技术规程（试行）》的要求，依据国家职业技能标准或企业岗位技术规范，结合新经济、新产业、新职业发展编制，力求客观反映现阶段本职业（工种）的技术水平、对从业人员的要求和职业培训教学规律。

《国家基本职业培训包（指南包　课程包）——装配钳工（试行）》是在各

有关专家的共同努力下完成的。参加编审的主要人员有倪罗平、宋小春、谭强、戚鹏展、陈佩喜、王旭、杨光生、孟庆东、闫文祥、王安对、罗海峰，在编制过程中得到了徐州机电技师学院、蚌埠技师学院等有关单位的大力支持，在此一并致谢。

国家基本职业培训包编审委员会

目录

1 指 南 包

2 课 程 包

1

指南包

1.1 职业培训包使用指南

1.1.1 职业培训包结构与内容

装配钳工职业培训包由指南包、课程包、资源包三个子包构成，结构如图 1 所示。

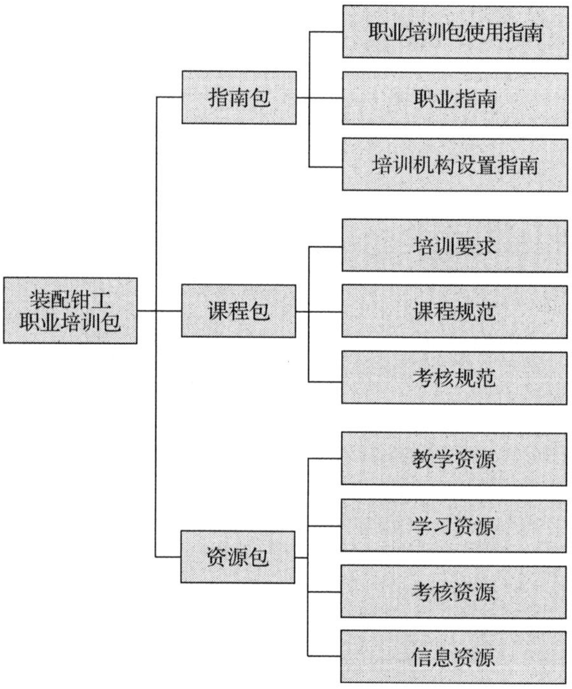

图 1 职业培训包结构图

指南包是指导培训机构、培训教师与学员开展职业培训的服务性内容总合，包括职业培训包使用指南、职业指南和培训机构设置指南。职业培训包使用指南是培训教师与学员了解职业培训包内容、选择培训课程、使用培训资源的说明性文本；职业指南是对职业信息的概述；培训机构设置指南是对培训机构开展职业培训提出的具体要求。

课程包是培训机构与教师实施职业培训、培训学员接受职业培训必须遵守的规范总合，包括培训要求、课程规范、考核规范。培训要求是参照国家职业技能标准、结合职业岗位工作实际需求制定的职业培训规范；课程规范是依据培训要求、结合职业培训教学规律，对课程设置、培训学时、课程内容与培训方法等所做的统一规定；考核规范是针对课程规范中所规定的课程内容开发的，能够科学评价培训学员过程性学习效果与终结性培训成果的规则，是客观衡量培训学员职业基本素质与职业技能水平的标准，也是实施职业培训过程性与终结性考核的依据。

资源包是依据课程包要求，基于培训学员特征，遵循职业培训教学规律，应用先进职业培训课程理念，开发的多媒介、多形式的职业培训与考核资源总合，包括教学资源、学习资源、考核资源和信息资源。教学资源是为培训教师组织实施职业培训教学活动提供的相关资源；学习资源是为培训学员学习职业培训课程提供的相关资源；考核资源是为培训机构和教师实施职业培训考核提供的相关资源；信息资源是为培训教师和学员拓展视野提供的体现科技进步、职业发展的相关动态资源。

1.1.2　培训课程体系介绍

装配钳工职业培训课程体系依据职业技能等级分为职业基本素质培训课程、初级职业技能培训课程、中级职业技能培训课程、高级职业技能培训课程、技师职业技能培训课程和高级技师职业技能培训课程，每一类课程包含模块、课程和学习单元三个层级。装配钳工职业培训课程体系均源自本职业培训包课程包中的课程规范，以学习单元为基础，形成职业层次清晰、内容丰富的“培训课程超市”。

装配钳工职业培训课程学时分配一览表

职业技能等级	课堂学时		其他学时	培训总学时
	职业基本素质培训课程	职业技能培训课程		
初级	150	370	—	520
中级	80	300	20	400
高级	40	240	20	300
技师	20	300	—	320
高级技师	—	200	—	200

注：课堂学时是指培训机构开展的理论课程教学及实操课程教学的建议最低学时数。除课堂学时外，培训总学时还应包括岗位实习、现场观摩、自学自练等其他学时。

（1）装配钳工职业基本素质培训课程

模块	课程	学习单元	课堂学时
1．职业道德	1-1　职业认知	（1）职业认知	1
	1-2　职业道德基本知识	（1）道德与职业道德	1
	1-3　职业守则	（1）装配钳工职业守则	1

续表

模块	课程	学习单元	课堂学时
2．专业基础理论知识	2-1　机械识图	（1）识图与制图基础知识	18
	2-2　公差配合与测量知识	（1）公差与配合基础知识	6
		（2）测量与标注知识	4
	2-3　常用金属材料及热处理知识	（1）金属材料的性能	4
		（2）常用钢铁材料	2
		（3）钢铁材料的热处理	2
		（4）常用有色金属的性能及热处理	2
	2-4　常用非金属材料知识	（1）常用非金属工程材料	2
	2-5　力学常识	（1）常用力学知识	2
	2-6　液压及气动知识	（1）液压基本知识	4
		（2）气动基本知识	4
3．机械加工基础知识	3-1　机械传动知识	（1）机械传动基础知识	12
		（2）简单机械零件	6
	3-2　机械加工常用设备的分类、用途	（1）机械加工常用设备的分类、用途	4
	3-3　金属切削原理和常用刀具知识	（1）金属切削原理	2
		（2）常用刀具知识	6
	3-4　典型零件（主轴、箱体、齿轮等）的加工工艺	（1）主轴加工工艺	2
		（2）箱体加工工艺	2
		（3）直齿圆柱齿轮加工工艺	2
	3-5　设备润滑及切削液的基础知识	（1）设备润滑常识	1
		（2）切削液的基础知识	1

续表

模块	课程	学习单元	课堂学时
3．机械加工基础知识	3–6 工具、刀具、夹具和量具的使用与维护知识	（1）常用工具的种类、使用与维护	2
		（2）常用刀具的种类、使用与维护	2
		（3）常用夹具的种类、使用与维护	1
		（4）常用量具的种类、使用与维护	2
4．钳工工艺知识	4–1 划线知识	（1）划线知识	2
	4–2 錾、锉、锯、钻孔、铰孔、攻螺纹、套螺纹、刮研等钳工操作相关知识	（1）錾削、锉削、锯削操作知识	12
		（2）孔加工知识	4
		（3）螺纹加工知识	2
		（4）刮研操作知识	4
5．电工知识	5–1 通用设备和常用电器的种类及用途	（1）通用电器元件	4
		（2）常用仪表的使用	2
	5–2 电力拖动及控制原理基础知识	（1）典型基本电气控制电路	2
		（2）典型机床电气控制电路	2
	5–3 安全用电知识	（1）安全用电常识	2
6．安全文明生产与环境保护知识	6–1 现场文明生产要求	（1）现场文明生产要求	2
	6–2 安全操作与劳动保护知识	（1）安全操作与劳动保护知识	2
	6–3 环境保护知识	（1）环境保护知识	2
7．质量管理知识	7–1 企业的质量方针	（1）企业的质量方针	2
	7–2 岗位的质量要求	（1）质量管理的工作内容	2
	7–3 岗位的质量保证措施与责任	（1）生产过程中的质量管理	2
8．相关法律、法规知识	8–1 相关法律、法规知识	（1）劳动法相关知识	2
		（2）劳动合同法相关知识	2
课堂学时合计			150

注：本表所列为初级职业基本素质培训课程，其他等级职业基本素质培训课程按“装配钳工职业培训课程学时分配一览表”中相应的课堂学时要求进行必要的调整。

（2）装配钳工初级职业技能培训课程

模块	课程	学习单元	课堂学时
1．装配零件加工	1-1　划线操作	（1）零件的平面划线	8
		（2）零件的立体划线	8
		（3）分度头的使用	4
		（4）钣金件的划线	8
	1-2　锯削、锉削、錾削加工	（1）錾削加工	20
		（2）锯削加工	30
		（3）锉削加工	30
	1-3　孔加工和螺纹加工	（1）孔加工	30
		（2）螺纹加工	30
	1-4　刮削和研磨	（1）刮削加工	12
		（2）研磨加工	12
2．机械装配	2-1　零件清洗与防护	（1）零件清洗与防护	8
	2-2　固定连接装配	（1）螺纹连接的装配与拆卸	8
		（2）键连接的装配与拆卸	6
		（3）销连接的装配与拆卸	6
	2-3　传动机构装配	（1）带轮和带传动的装配与拆卸	6
		（2）链传动的装配	6
		（3）圆柱齿轮传动机构的装配	8
		（4）螺旋传动机构的装配	8
	2-4　轴承和轴组装配	（1）0 级滚动轴承的装配	6
		（2）整体式滑动轴承的装配	8
		（3）轴承的润滑部分和密封件装配	6
	2-5　液压传动装配	（1）液压管接头拆装	6
		（2）金属管的扩口与装配	4
	2-6　部件和整机装配	（1）普通机床部件装配	12
		（2）通用机械总装	24

续表

模块	课程	学习单元	课堂学时
3．设备检验、调试	3-1　精度检验	（1）使用通用量具检测产品	6
		（2）使用专用量具检验产品	6
	3-2　装配质量检验	（1）机械装配质量检验	20
		（2）普通机床空运转试验	12
	3-3　设备安装和调试	（1）机械设备安装与调试	12
课堂学时合计			370

（3）装配钳工中级职业技能培训课程

模块	课程	学习单元	课堂学时
1．装配零件加工	1-1　划线操作	（1）较大型工件及形状较复杂工件的立体划线	10
		（2）有相贯线的钣金组合件的展开划线	10
	1-2　锯削、锉削、錾削加工	（1）油槽錾削加工	6
		（2）钢件锯削加工	8
		（3）平面锉削加工	10
	1-3　孔加工和螺纹加工	（1）钻孔加工	20
		（2）铰孔加工	4
		（3）螺纹加工	10
	1-4　刮削和研磨	（1）刮削加工	20
		（2）轴孔研磨加工	10
2．机械装配	2-1　零件黏结	（1）零件黏结	2
	2-2　固定连接装配	（1）花键连接的装配与拆卸	4
		（2）圆锥销连接的定位安装	4
	2-3　传动机构装配	（1）圆锥齿轮传动机构的装配与调整	8
		（2）蜗轮蜗杆传动机构的装配与调整	8

续表

模块	课程	学习单元	课堂学时
2．机械装配	2–4　轴承和轴组装配	（1）滚动轴承的装配与调整	8
		（2）对开式滑动轴承的装配与调整	8
		（3）离合器的装配与调整	8
	2–5　液压传动装配	（1）普通液压元件的装配	8
		（2）齿轮泵、球阀及密封件的装配	14
		（3）液压辅件的安装	2
	2–6　部件和整机装配	（1）旋转体静平衡试验	6
		（2）通用机械设备整机装配	42
3．设备检验调试	3–1　精度检验	（1）成套量块的使用与维护	2
		（2）通用量具和专用量校对调整	4
		（3）使用标准量具测量精密尺寸	6
	3–2　装配质量检验与分析	（1）新装设备空运转试验	4
		（2）使用常用量具对试件进行检验	4
		（3）光学仪器的使用	2
		（4）使用光学仪器检验普通车床几何精度	10
		（5）使用光学仪器检验普通铣床几何精度	10
	3–3　设备调试	（1）普通机床设备的检查结果分析	8
		（2）通用机床整机调试	20
课堂学时合计			300

（4）装配钳工高级职业技能培训课程

模块	课程	学习单元	课堂学时
1．装配零件加工	1–1　划线操作	（1）复杂畸形零件的划线	16
		（2）大型工件的立体划线	12
	1–2　锯削、锉削加工	（1）钢件锯削加工	2
		（2）平面锉削加工	4
		（3）圆弧面锉削加工	4
	1–3　孔系加工	（1）高精度孔系加工	12
		（2）标准群钻刃磨	4
		（3）其他群钻刃磨	4
	1–4　刮削和研磨	（1）刮削加工	12
		（2）圆弧面的研磨加工	6
2．机械装配	2–1　固定连接装配	（1）热胀法过盈连接装配	2
		（2）冷缩法过盈连接装配	2
		（3）液压套合法过盈连接装配	2
	2–2　传动机构装配	（1）齿形链装配	4
		（2）齿形同步带装配	4
	2–3　轴承和轴组装配	（1）轴承与轴组的装配	6
		（2）静压轴承装配	4
	2–4　液压传动装配	（1）常用液压阀装配与调整	8
		（2）液压系统的整体连接安装与调试	12
	2–5　部件和整机装配	（1）旋转体动平衡	6
		（2）机床主轴部件装配	10
		（3）精密机械设备部件装配	20
		（4）精密机械设备整机装配	18

续表

模块	课程	学习单元	课堂学时
3．设备检验、调试	3-1　装配质量检验	（1）机床导轨精度检验	6
		（2）激光干涉仪的使用	2
		（3）磨床整机精度检验	8
	3-2　设备调试	（1）机械设备负荷试验中常见故障的分析与排除	8
		（2）导轨和工作台的调试	10
		（3）精密机械设备精度超差的原因分析	16
		（4）精密机械设备调试	16
课堂学时合计			240

（5）装配钳工技师职业技能培训课程

模块	课程	学习单元	课堂学时
1．装配零件加工	1-1　刮削和研磨	（1）精密机床导轨刮削	14
		（2）孔的精研	10
	1-2　孔系加工	（1）数控机床操作与编程	8
		（2）高精度空间孔系加工	16
		（3）新型刀具选择	4
2．机械装配	2-1　编制装配工艺	（1）计算机辅助设计软件基本操作	4
		（2）复杂设备装配图测绘	8
		（3）专用夹具设计	12
		（4）专用胎具设计	12
		（5）新产品装配工艺规程编制	6
		（6）加工中心装配工艺文件编制	8
	2-2　高精数控设备装配	（1）高速设备装配与调整	12
		（2）精密设备装配与调整	12
		（3）大型复杂设备装配与调整	12
		（4）数控机床装配与调整	12

续表

模块	课程	学习单元	课堂学时
3．设备检验、调试	3-1　精度检验	（1）运用激光扫描仪测量精密零件	8
		（2）运用三坐标测量仪测量精密零件	8
		（3）高精度设备试件形状尺寸不合格项的原因分析及消除	6
		（4）高精度设备试件位置尺寸不合格项的原因分析及消除	6
		（5）高精度设备试件表面质量不合格项的原因分析及消除	6
		（6）高速、精密、复杂设备的几何精度检验	12
		（7）高速、精密、复杂设备的几何精度检验超差原因分析	4
	3-2　设备调试	（1）大型内燃机检测文件的编写与安装调试	16
		（2）螺杆式压缩机检测文件的编写与安装调试	16
		（3）大型自动化生产线检测文件的编写	8
		（4）大型自动化生产线的安装调试	12
4．培训与管理	4-1　培训	（1）实操指导	8
		（2）编写培训计划、培训大纲	8
		（3）编写作业指导书	8
	4-2　管理	（1）编制质量管理方案	8
		（2）撰写技术总结	8
		（3）班组产线管理	8
课堂学时合计			300

（6）装配钳工高级技师职业技能培训课程

模块	课程	学习单元	课堂学时
1．装配零件加工	1-1　特种加工	（1）加工中心操作与编程	16
		（2）激光加工设备的操作与应用	6
		（3）数控电火花线切割加工设备的操作与编程	10
	1-2　刮削和研磨	（1）解决刮削和研磨过程中出现的疑难问题	8
		（2）超精研磨	8
2．机械装配	2-1　编制装配工艺	（1）计算机三维软件应用	12
		（2）专用夹具设计	8
		（3）专用胎具设计	8
		（4）精密设备装配工艺文件编制	6
		（5）专用设备装配工艺文件编制	6
	2-2　装配与调整	（1）解决精密部件装配中出现的机械技术难题	12
		（2）解决高速、复杂设备装配中出现的机械技术难题	30
3．设备检验、调试	3-1　设备性能及精度检验	（1）零件探伤	4
		（2）材料分析	4
	3-2　设备调试	（1）解决高速、精密、复杂设备在试验中出现的振动问题	8
		（2）解决高速、精密、复杂设备在试验中出现的变形问题	6
		（3）解决高速、精密、复杂设备在试验中出现的噪声问题	6

续表

模块	课程	学习单元	课堂学时
4．培训管理	4–1　培训	（1）指导万能分度头划线应用与装配作业操作	4
		（2）指导典型铣床主轴、工作台装配调整作业操作	4
		（3）指导机床床身精度检测作业操作	4
		（4）编写作业指导讲义	6
	4–2　管理	（1）生产管理	16
		（1）工程计划核算	8
课堂学时合计			200

1.1.3　培训课程选择指导

职业基本素质培训课程为必修课程，相当于本职业的入门课程。各级别职业技能培训课程由培训机构教师根据培训学员实际情况，遵循高级别涵盖低级别的原则进行选择。

原则上，初入职的培训学员应学习职业基本素质培训课程和初级职业技能培训课程的全部内容，有职业技能等级提升需求的培训学员，可按照《国家职业技能标准》的“鉴定要求”，对照自身需求选择更高等级的培训课程。

具有一定从业经验、无职业技能等级晋升要求的培训学员，可根据自身实际情况自主选择本职业培训课程。具体方法为：（1）选择课程模块；（2）在模块中筛选课程；（3）在课程中筛选学习单元；（4）组合成本次培训的整个课程。

培训教师可以根据以上方法对培训学员进行单独指导。对于订单培训，培训教师可以按照如上方法，对照订单要求进行培训课程的选择。

1.1.4　各类资源使用说明

（待各类资源开发完成后补充。）

1.2 职业指南

1.2.1 职业描述

装配钳工是操作机械设备或使用工装、工具，把零件按机械设备的装配技术要求进行组件、部件装配和总装配，并经过调整、检验和试车等，使之成为合格的机械设备，并具有安全意识、质量意识、责任意识的技能人才。

1.2.2 职业培训对象

参加装配钳工职业培训的对象主要包括：城乡未继续升学的应届初高中毕业生、农村转移就业劳动者、城镇登记失业人员、转岗转业人员、退役军人、企业在职职工和高校毕业生等各类有培训需求的人员。

1.2.3 就业前景

装配钳工的工作岗位有零件、部件或设备质检员、机械设备装配工、机械设备调试工、机械设备维护员、机械设备销售人员、机械设备售后服务人员等，还可以发展为机械工艺员、生产管理人员、机械设计师等。

1.3 培训机构设置指南

1.3.1 师资配备要求

（1）培训教师任职基本条件

1）培训初级、中级、高级装配钳工的教师应具有本职业技师及以上职业资格证书或相关专业中级及以上专业技术职务任职资格。

2）培训装配钳工技师的教师应具有本职业高级技师职业资格证书或相关专业高级专业技术职务任职资格。

3）培训装配钳工高级技师的教师具有本职业高级技师职业资格证书 2 年以上或相关专业高级专业技术职务任职资格。

（2）培训教师数量要求（以 30 人培训班为基准）

1）理论课教师：1 人以上；培训规模超过 30 人的，按教师与学员之比不低于 1∶30 配备教师。

2）实习指导教师：1 人以上；培训规模超过 30 人的，按教师与学员之比不低于 1∶30 配备教师。

1.3.2 培训场所设备配置要求

培训场所设备配置要求如下（以 30 人培训班为基准）：

（1）理论知识培训场所设备配置要求：70 ～ 80 平方米标准教室，多媒体教学设备（计算机、投影仪、幕布或显示屏、网络接入设备、音响设备）、黑板、30 套以上桌椅，符合照明、通风、安全等相关规定。

（2）操作技能培训场所设备配置要求：装配钳工初级、中级技能实训场所的实训设备数量和工具配件须同时满足 30 人 / 班进行实训教学；高级技能和技师（高级技师）技能实训场所的实训设备数量和工具配件须同时满足 24 人 / 班进行实训教学。

装配钳工操作技能实训场所使用面积应根据师生的健康安全要求和教学内容确定。以模拟仿真设备为主的，人均使用面积不低于 7 平方米；以真实生产设备为主的，人均使用面积不低于 9 平方米，各职业技能等级培训实训设备配备见下表。

装配钳工初级职业技能实训室实训设备配置标准

实训功能	实训设备配置标准							备注
	序号	设备名称	型号规格（要求）	单位	数量			
					基本配置	规范配置	示范配置	
	1	划线平台	推荐 400×400/精度 0 级	块	8	10	12	
	2	划针		个	8	10	12	
	3	划规		个	8	10	12	
	4	样冲		个	8	10	12	
	5	手锤		把	8	10	12	

续表

实训功能	实训设备配置标准							备注
	序号	设备名称	型号规格（要求）	单位	数量			
					基本配置	规范配置	示范配置	
以装配钳工典型工作任务为载体，通过钳工基本操作进行装配零件加工，进一步学习金属材料、机械制图、公差配合等专业基础知识，规范使用工具量具；完成简单固定连接、传动机构、轴承和轴组、液压传动机构和普通机床部件装配以及小型通用机械整机装配，进行空运转试验，并使用常规量具进行机械设备精度检验	6	台虎钳	推荐 150 mm 回转式	个	8	10	12	
	7	錾子		个	8	10	12	
	8	手锯		把	8	10	12	
	9	锉刀		把	8	10	12	
	10	钻床		台	8	10	12	
	11	丝锥		根	8	10	12	
	12	板牙		个	8	10	12	
	13	扳手		个	8	10	12	
	14	旋具		个	8	10	12	
	15	游标卡尺	推荐 0 ~ 150 mm / 精度 0.02 mm	把	8	10	12	
	16	游标高度尺		个	8	10	12	
	17	钢直尺		把	8	10	12	
	18	万能角度尺	推荐 0 ~ 320° / 精度 2′	把	8	10	12	
	19	刀口角尺	推荐 200 mm × 125 mm/ 精度 0 级	把	8	10	12	
	20	分度头		个	8	10	12	
	21	外径千分尺	推荐 0 ~ 100 mm / 精度 0.01 mm	把	8	10	12	

续表

实训功能	实训设备配置标准							备注
	序号	设备名称	型号规格（要求）	单位	数量			
					基本配置	规范配置	示范配置	
以装配钳工典型工作任务为载体，通过钳工基本操作进行装配零件加工，进一步学习金属材料、机械制图、公差配合等专业基础知识，规范使用工具量具；完成简单固定连接、传动机构、轴承和轴组、液压传动机构和普通机床部件装配以及小型通用机械整机装配，进行空运转试验，并使用常规量具进行机械设备精度检验	22	内径百分表	推荐 ϕ18 ~ ϕ35 mm，ϕ35 ~ ϕ50 mm	块	8	10	12	
	23	卡规		把	8	10	12	
	24	塞规		把	8	10	12	
	25	水平仪		套	2	4	6	
	26	龙胆紫		瓶	1	1	1	
	27	方箱		个	8	10	12	
	28	垫铁		块	8	10	12	
	29	火炉		套	8	10	12	视情选择
	30	砂轮机		台	2	4	6	
	31	毛刷		把	8	10	12	
	32	钻头		根	8	10	12	
	33	铰刀		根	8	10	12	
	34	夹具		套	8	10	12	
	35	清洗剂		瓶	1	1	1	
	36	防护材料		套	8	10	12	
	37	润滑剂		瓶	1	1	1	

装配钳工中级职业技能实训室实训设备配置标准

<table>
<tr><th rowspan="3">实训功能</th><th colspan="7">实训设备配置标准</th><th rowspan="3">备注</th></tr>
<tr><th rowspan="2">序号</th><th rowspan="2">设备名称</th><th rowspan="2">型号规格（要求）</th><th rowspan="2">单位</th><th colspan="3">数量</th></tr>
<tr><th>基本配置</th><th>规范配置</th><th>示范配置</th></tr>
<tr><td rowspan="21">通过较大型和复杂工件的钳加工，完成零件黏结、固定连接、传动机构、轴承和轴组、液压传动机构装配和通用机械设备整机装配调试，进行静平衡试验，校调通用量具和专用量具，并使用光学仪器检验设备几何精度</td><td>1</td><td>划线平台</td><td></td><td>块</td><td>8</td><td>10</td><td>12</td><td></td></tr>
<tr><td>2</td><td>划针</td><td></td><td>个</td><td>8</td><td>10</td><td>12</td><td></td></tr>
<tr><td>3</td><td>划规</td><td></td><td>个</td><td>8</td><td>10</td><td>12</td><td></td></tr>
<tr><td>4</td><td>样冲</td><td></td><td>个</td><td>8</td><td>10</td><td>12</td><td></td></tr>
<tr><td>5</td><td>手锤</td><td></td><td>把</td><td>8</td><td>10</td><td>12</td><td></td></tr>
<tr><td>6</td><td>台虎钳</td><td>推荐 150 mm 回转式</td><td>个</td><td>8</td><td>10</td><td>12</td><td></td></tr>
<tr><td>7</td><td>錾子</td><td></td><td>个</td><td>8</td><td>10</td><td>12</td><td></td></tr>
<tr><td>8</td><td>手锯</td><td></td><td>把</td><td>8</td><td>10</td><td>12</td><td></td></tr>
<tr><td>9</td><td>锉刀</td><td></td><td>把</td><td>8</td><td>10</td><td>12</td><td></td></tr>
<tr><td>10</td><td>电钻</td><td></td><td>个</td><td>8</td><td>10</td><td>12</td><td></td></tr>
<tr><td>11</td><td>丝锥</td><td></td><td>根</td><td>8</td><td>10</td><td>12</td><td></td></tr>
<tr><td>12</td><td>板牙</td><td></td><td>个</td><td>8</td><td>10</td><td>12</td><td></td></tr>
<tr><td>13</td><td>扳手</td><td></td><td>个</td><td>8</td><td>10</td><td>12</td><td></td></tr>
<tr><td>14</td><td>旋具</td><td></td><td>把</td><td>8</td><td>10</td><td>12</td><td></td></tr>
<tr><td>15</td><td>游标卡尺</td><td>推荐 0 ~ 150 mm/ 精度 0.02 mm</td><td>把</td><td>8</td><td>10</td><td>12</td><td></td></tr>
<tr><td>16</td><td>游标高度尺</td><td></td><td>把</td><td>8</td><td>10</td><td>12</td><td></td></tr>
<tr><td>17</td><td>钢直尺</td><td></td><td>把</td><td>8</td><td>10</td><td>12</td><td></td></tr>
<tr><td>18</td><td>角度尺</td><td>推荐 0 ~ 320° / 精度 2′</td><td>把</td><td>8</td><td>10</td><td>12</td><td></td></tr>
<tr><td>19</td><td>刀口角尺</td><td>推荐 200 mm × 125 mm/ 精度 0 级</td><td>把</td><td>8</td><td>10</td><td>12</td><td></td></tr>
<tr><td>20</td><td>分度头</td><td></td><td>个</td><td>8</td><td>10</td><td>12</td><td></td></tr>
<tr><td>21</td><td>千分尺</td><td>推荐 0 ~ 100 mm/ 精度 0.01 mm</td><td>把</td><td>8</td><td>10</td><td>12</td><td></td></tr>
</table>

续表

<table>
<tr><th rowspan="3">实训功能</th><th colspan="7">实训设备配置标准</th><th rowspan="3">备注</th></tr>
<tr><th rowspan="2">序号</th><th rowspan="2">设备名称</th><th rowspan="2">型号规格（要求）</th><th rowspan="2">单位</th><th colspan="3">数量</th></tr>
<tr><th>基本配置</th><th>规范配置</th><th>示范配置</th></tr>
<tr><td rowspan="22">通过较大型和复杂工件的钳加工，完成零件黏结、固定连接、传动机构、轴承和轴组、液压传动机构装配和通用机械设备整机装配调试，进行静平衡试验，校调通用量具和专用量具，并使用光学仪器检验设备几何精度</td><td>22</td><td>百分表</td><td>推荐 ϕ18～ϕ35 mm，ϕ35～ϕ50 mm</td><td>块</td><td>8</td><td>10</td><td>12</td><td></td></tr>
<tr><td>23</td><td>卡规</td><td></td><td>个</td><td>8</td><td>10</td><td>12</td><td></td></tr>
<tr><td>24</td><td>塞规</td><td></td><td>个</td><td>8</td><td>10</td><td>12</td><td></td></tr>
<tr><td>25</td><td>水平仪</td><td></td><td>套</td><td>8</td><td>10</td><td>12</td><td></td></tr>
<tr><td>26</td><td>平衡机</td><td></td><td>套</td><td>8</td><td>10</td><td>12</td><td></td></tr>
<tr><td>27</td><td>量块</td><td>推荐 83 块 / 精度 0 级</td><td>套</td><td>4</td><td>5</td><td>6</td><td></td></tr>
<tr><td>28</td><td>表面粗糙度样板</td><td></td><td>盒</td><td>8</td><td>10</td><td>12</td><td></td></tr>
<tr><td>29</td><td>正弦规</td><td>推荐 200 mm × 80 mm/ 精度 0 级</td><td>个</td><td>8</td><td>10</td><td>12</td><td></td></tr>
<tr><td>30</td><td>龙胆紫</td><td></td><td>瓶</td><td>8</td><td>10</td><td>12</td><td></td></tr>
<tr><td>31</td><td>方箱</td><td></td><td>个</td><td>8</td><td>10</td><td>12</td><td></td></tr>
<tr><td>32</td><td>垫铁</td><td></td><td>块</td><td>8</td><td>10</td><td>12</td><td></td></tr>
<tr><td>33</td><td>火炉</td><td></td><td>个</td><td>8</td><td>10</td><td>12</td><td></td></tr>
<tr><td>34</td><td>砂轮机</td><td></td><td>台</td><td>8</td><td>10</td><td>12</td><td></td></tr>
<tr><td>35</td><td>毛刷</td><td></td><td>个</td><td>8</td><td>10</td><td>12</td><td></td></tr>
<tr><td>36</td><td>麻花钻</td><td></td><td>根</td><td>8</td><td>10</td><td>12</td><td></td></tr>
<tr><td>37</td><td>铰刀</td><td></td><td>根</td><td>8</td><td>10</td><td>12</td><td></td></tr>
<tr><td>38</td><td>夹具</td><td></td><td>套</td><td>8</td><td>10</td><td>12</td><td></td></tr>
<tr><td>39</td><td>清洗剂</td><td></td><td>瓶</td><td>1</td><td>1</td><td>1</td><td></td></tr>
<tr><td>40</td><td>防护材料</td><td></td><td>套</td><td>8</td><td>10</td><td>12</td><td></td></tr>
<tr><td>41</td><td>润滑剂</td><td></td><td>瓶</td><td>1</td><td>1</td><td>1</td><td></td></tr>
<tr><td>42</td><td>丝锥</td><td></td><td>根</td><td>8</td><td>10</td><td>12</td><td></td></tr>
<tr><td>43</td><td>轴瓦</td><td></td><td>套</td><td>8</td><td>10</td><td>12</td><td></td></tr>
</table>

续表

实训功能	实训设备配置标准							备注
	序号	设备名称	型号规格（要求）	单位	数量			
					基本配置	规范配置	示范配置	
通过较大型和复杂工件的钳加工，完成零件黏结、固定连接、传动机构、轴承和轴组、液压传动机构装配和通用机械设备整机装配调试，进行静平衡试验，校调通用量具和专用量具，并使用光学仪器检验设备几何精度	44	燕尾形导轨		套	2	4	6	
	45	圆柱销		根	8	10	12	
	46	圆锥销		根	8	10	12	
	47	圆锥齿轮减速机		台	2	4	6	
	48	蜗轮蜗杆减速机		台	2	4	6	
	49	滚动轴承		个	2	4	6	
	50	滑动轴承		个	2	4	6	
	51	多片摩擦离合器		套	2	4	6	视情选择
	52	球阀		套	2	4	6	
	53	液压泵		套	2	4	6	
	54	液压缸		套	2	4	6	
	55	液压辅件		套	2	4	6	
	56	方向控制阀		套	2	4	6	
	57	压力控制阀		套	2	4	6	
	58	流量控制阀		套	2	4	6	
	59	压缩机		台	2	4	6	
	60	气锤		台	2	4	6	
	61	压力机		台	2	4	6	
	62	木工刨床		台	2	4	6	视情选择
	63	普通车床		台	2	4	6	
	64	普通铣床		台	2	4	6	
	65	高速钻床		台	2	4	6	视情选择

装配钳工高级职业技能实训室实训设备配置标准

实训功能	实训设备配置标准							备注
	序号	设备名称	型号规格（要求）	单位	数量			
					基本配置	规范配置	示范配置	
通过高难度、复杂畸形工件加工，完成固定连接、传动机构、轴承和轴组、液压系统的和机床主轴部件的装配以及通用机床的整机装配调试，进行动平衡试验，并使用合像水平仪、光学平直仪、激光干涉仪进行机床精度检验	1	角铁		块	8	10	12	
	2	方箱		个	4	6	8	
	3	千斤顶		个	2	4	6	
	4	V 形铁		个	8	10	12	
	5	大型平板		块	2	4	6	
	6	平尺		把	4	6	8	
	7	台虎钳	推荐 150 mm 回转式	个	8	10	12	
	8	分度头		个	4	6	8	
	9	行车吊		套	1	1	1	
	10	锯弓		把	8	10	12	
	11	锉刀		把	8	10	12	
	12	立式钻床		台	2	4	6	
	13	摇臂钻床		台	2	4	6	
	14	普通镗床		台	2	4	6	
	15	砂轮机		台	2	4	6	
	16	刮刀		把	8	10	12	
	17	压力机		台	2	4	6	
	18	手锤		把	8	10	12	
	19	铜锤		把	8	10	12	
	20	液压套和装置		套	2	4	6	
	21	合像水平仪		套	2	4	6	
	22	光学平直仪		套	2	4	6	
	23	激光干涉仪		套	2	4	6	
	24	经纬仪		套	2	4	6	

续表

实训功能	实训设备配置标准							备注
	序号	设备名称	型号规格（要求）	单位	数量			
					基本配置	规范配置	示范配置	
通过高难度、复杂畸形工件加工，完成固定连接、传动机构、轴承和轴组、液压系统的和机床主轴部件的装配以及通用机床的整机装配调试，进行动平衡试验，并使用合像水平仪、光学平直仪、激光干涉仪进行机床精度检验	25	游标高度尺		个	8	10	12	
	26	百分表		块	8	10	12	
	27	表面粗糙度样板		盒	4	6	8	
	28	刀口角尺		个	8	10	12	
	29	圆弧样板		个	8	10	12	
	30	同步带张紧度测量仪		台	2	4	6	
	31	平衡机		台	2	4	6	
	32	量块	推荐 83 块 / 精度 0 级	套	4	6	8	
	33	白漆		瓶	1	1	1	
	34	磨料		袋	1	1	1	
	35	研磨剂		瓶	1	1	1	
	36	研磨液		瓶	1	1	1	
	37	加热油槽		套	2	4	6	
	38	沸水槽		套	2	4	6	
	39	蒸汽加热槽		套	2	4	6	
	40	感应电流加热装置		套	2	4	6	
	41	冷缩箱		套	2	4	6	
	42	各种液压阀		套	4	6	8	
	43	煤油		瓶	1	1	1	
	44	润滑油		瓶	1	1	1	
	45	密封带		根	4	6	8	
	46	高精度磨床		台	2	4	6	
	47	数控铣床		台	2	4	6	

装配钳工技师、高级技师职业技能实训室实训设备配置标准

实训功能	实训设备配置标准							备注
	序号	设备名称	型号规格（要求）	单位	数量			
					基本配置	规范配置	示范配置	
通过精研、特种加工等手段加工零件，设计专用夹具、胎具，完成高速、精密、复杂设备、大型重型设备及大型自动化生产线的装配调试，并运用精密量仪对精密零件、高精设备进行精度检验	1	台虎钳		个	8	10	12	
	2	行车吊		套	1	1	1	
	3	锯弓		把	8	10	12	
	4	锉刀		把	8	10	12	
	5	立式钻床		台	2	4	6	
	6	摇臂钻床		台	2	4	6	
	7	普通镗床		台	2	4	6	
	8	砂轮机		台	2	4	6	
	9	刮刀		把	8	10	12	
	10	压力机		台	2	4	6	
	11	手锤		把	8	10	12	
	12	合像水平仪		台	2	4	6	
	13	扭簧比较仪		台	2	4	6	
	14	自准直仪		台	2	4	6	
	15	干涉显微镜		台	2	4	6	
	16	圆度仪		台	2	4	6	
	17	坐标镗床		台	8	10	12	
	18	角铁		块	8	10	12	
	19	方箱		个	8	10	12	
	20	千斤顶		个	8	10	12	
	21	V 形铁		个	8	10	12	
	22	大型平板		块	4	6	8	
	23	经纬仪		台	2	4	6	
	24	游标高度尺		个	8	10	12	
	25	百分表		块	8	10	12	

续表

实训功能	实训设备配置标准							备注
	序号	设备名称	型号规格（要求）	单位	数量			
					基本配置	规范配置	示范配置	
通过精研、特种加工等手段加工零件，设计专用夹具、胎具，完成高速、精密、复杂设备、大型重型设备及大型自动化生产线的装配调试，并运用精密量仪对精密零件、高精设备进行精度检验	26	表面粗糙度样板		盒	8	10	12	
	27	刀口角尺		个	8	10	12	
	28	圆弧样板		个	8	10	12	
	29	量块		套	4	6	8	
	30	平尺		把	8	10	12	
	31	白漆		瓶	1	1	1	
	32	磨料		袋	1	1	1	
	33	研磨剂		瓶	1	1	1	
	34	研磨液		瓶	1	1	1	
	35	加热油槽		套	1	2	3	
	36	沸水槽		套	1	2	3	
	37	蒸汽加热槽		套	1	2	3	
	38	感应电流加热装置		套	1	2	3	
	39	冷缩箱		个	1	2	3	
	40	各种液压阀		个	4	6	8	
	41	煤油		瓶	1	1	1	
	42	润滑油		瓶	1	1	1	
	43	密封带		根	8	10	12	
	44	高精度磨床		台	1	2	3	
	45	数控铣床		台	2	4	6	
	46	分度头		个	4	6	8	
	47	铜锤		把	8	10	12	
	48	液压套和装置		台	2	4	6	
	49	单头钩形扳手		把	8	10	12	

续表

<table>
<tr><th rowspan="3">实训功能</th><th colspan="7">实训设备配置标准</th><th rowspan="3">备注</th></tr>
<tr><th rowspan="2">序号</th><th rowspan="2">设备名称</th><th rowspan="2">型号规格（要求）</th><th rowspan="2">单位</th><th colspan="3">数量</th></tr>
<tr><th>基本配置</th><th>规范配置</th><th>示范配置</th></tr>
<tr><td rowspan="24">通过精研、特种加工等手段加工零件，设计专用夹具、胎具，完成高速、精密、复杂设备、大型重型设备及大型自动化生产线的装配调试，并运用精密量仪对精密零件、高精设备进行精度检验</td><td>50</td><td>圆螺母扳手</td><td></td><td>把</td><td>8</td><td>10</td><td>12</td><td></td></tr>
<tr><td>51</td><td>游标卡尺</td><td></td><td>把</td><td>8</td><td>10</td><td>12</td><td></td></tr>
<tr><td>52</td><td>外径千分尺</td><td></td><td>把</td><td>8</td><td>10</td><td>12</td><td></td></tr>
<tr><td>53</td><td>内测千分尺</td><td></td><td>把</td><td>8</td><td>10</td><td>12</td><td></td></tr>
<tr><td>54</td><td>杠杆百分表</td><td></td><td>块</td><td>8</td><td>10</td><td>12</td><td></td></tr>
<tr><td>55</td><td>千分表</td><td></td><td>块</td><td>8</td><td>10</td><td>12</td><td></td></tr>
<tr><td>56</td><td>杠杆千分表</td><td></td><td>块</td><td>8</td><td>10</td><td>12</td><td></td></tr>
<tr><td>57</td><td>检验棒</td><td></td><td>根</td><td>8</td><td>10</td><td>12</td><td></td></tr>
<tr><td>58</td><td>水平仪</td><td></td><td>台</td><td>2</td><td>4</td><td>6</td><td></td></tr>
<tr><td>59</td><td>光学平直仪</td><td></td><td>台</td><td>2</td><td>4</td><td>6</td><td></td></tr>
<tr><td>60</td><td>转速表</td><td></td><td>块</td><td>2</td><td>4</td><td>6</td><td></td></tr>
<tr><td>61</td><td>扭簧比较仪</td><td></td><td>台</td><td>1</td><td>2</td><td>3</td><td></td></tr>
<tr><td>62</td><td>激光干涉仪</td><td></td><td>台</td><td>1</td><td>2</td><td>3</td><td></td></tr>
<tr><td>63</td><td>X 射线探伤机</td><td></td><td>台</td><td>1</td><td>2</td><td>3</td><td></td></tr>
<tr><td>64</td><td>超声波探伤仪</td><td></td><td>台</td><td>1</td><td>2</td><td>3</td><td></td></tr>
<tr><td>65</td><td>振动分析仪</td><td></td><td>台</td><td>1</td><td>2</td><td>3</td><td></td></tr>
<tr><td>66</td><td>白蜡</td><td></td><td>根</td><td>1</td><td>1</td><td>1</td><td></td></tr>
<tr><td>67</td><td>液压缸</td><td></td><td>个</td><td>4</td><td>6</td><td>8</td><td></td></tr>
<tr><td>68</td><td>钻夹具</td><td></td><td>套</td><td>4</td><td>6</td><td>8</td><td></td></tr>
<tr><td>69</td><td>铣夹具</td><td></td><td>套</td><td>4</td><td>6</td><td>8</td><td></td></tr>
<tr><td>70</td><td>数控车床</td><td></td><td>台</td><td>2</td><td>4</td><td>6</td><td></td></tr>
<tr><td>71</td><td>数控线切割</td><td></td><td>台</td><td>2</td><td>4</td><td>6</td><td></td></tr>
<tr><td>72</td><td>平面高速研磨机</td><td></td><td>台</td><td>1</td><td>2</td><td>3</td><td></td></tr>
<tr><td>73</td><td>数控研磨机</td><td></td><td>台</td><td>1</td><td>2</td><td>3</td><td></td></tr>
</table>

1.3.3 教学资料配备要求

（1）培训规范：《装配钳工国家技能职业标准》《装配钳工职业基本素质培训要求》《装配钳工职业技能培训要求》《装配钳工职业基本素质培训课程规范》《装配钳工职业技能培训课程规范》《装配钳工职业基本素质培训考核规范》《装配钳工职业技能培训理论知识考核规范》《装配钳工职业技能培训操作技能考核规范》。

（2）教学资源：教材教辅、网络资源内容必须符合“（1）培训规范”。

1.3.4 管理人员配备要求

（1）专职校长：1 人，应具有大专及以上文化程度、中级及以上专业技术职务任职资格，从事职业技术教育及教学管理 5 年以上，熟悉职业培训的有关法律法规。

（2）教学管理人员：1 人以上，专职不少于 1 人；应具有大专及以上文化程度、中级及以上专业技术职务任职资格，从事职业技术教育及教学管理 5 年以上，具有丰富的教学管理经验。

（3）办公室人员：1 人以上，应具有大专及以上文化程度。

（4）财务管理人员：2 人，应具有大专及以上文化程度、财会人员从业资格证书。

1.3.5 管理制度要求

应建立健全完备的管理制度，包括办学章程与发展规划、教学管理、教师管理、学员管理、财务管理、设备管理等制度。

2
课程包

2.1 培训要求

2.1.1 职业基本素质培训要求

职业基本素质模块	培训内容	培训细目
1．职业道德	1-1 职业认知	(1) 装配钳工简介 (2) 装配钳工的工作内容
	1-2 职业道德基本知识	(1) “四德”建设的主要内容 (2) 社会主义核心价值观 (3) 职业道德修养 (4) 装配钳工职业道德规范
	1-3 职业守则	(1) 装配钳工职业守则
2．专业基础理论知识	2-1 机械识图	(1) 机械识图与制图基础知识
	2-2 公差配合与测量知识	(1) 公差与配合知识 (2) 测量知识 (3) 尺寸标注
	2-3 常用金属材料及热处理知识	(1) 金属材料的性能 (2) 常用钢材的性能及热处理方法 (3) 常用有色金属的性能及热处理方法
	2-4 常用非金属材料知识	(1) 常用非金属材料知识
	2-5 力学常识	(1) 常用力学知识
	2-6 液压及气动知识	(1) 液压基本知识 (2) 气动基本知识
3．机械加工基础知识	3-1 机械传动知识	(1) 机械传动基础知识 (2) 简单机械零件
	3-2 机械加工常用设备的分类、用途	(1) 车床种类与用途 (2) 铣床种类与用途 (3) 钻床种类与用途 (4) 刨床种类与用途 (5) 插床种类与用途 (6) 磨床种类与用途 (7) 镗床种类与用途

续表

职业基本素质模块	培训内容	培训细目
3．机械加工基础知识	3–3　金属切削原理和常用刀具知识	（1）金属切削原理 （2）常用刀具知识
	3–4　典型零件（主轴、箱体、齿轮等）的加工工艺	（1）主轴加工工艺 （2）箱体加工工艺 （3）直齿圆柱齿轮加工工艺
	3–5　设备润滑及切削液的基础知识	（1）设备润滑基础知识 （2）切削液基础知识
	3–6　工具、刀具、夹具和量具的使用与维护知识	（1）常用工具的种类、使用与维护 （2）常用刀具的种类、使用与维护 （3）常用夹具的种类、使用与维护 （4）常用量具的种类、使用与维护
4．钳工工艺知识	4–1　划线知识	（1）划线知识
	4–2　錾、锉、锯、钻孔、铰孔、攻螺纹、套螺纹、刮研等钳工操作相关知识	（1）錾削、锉削、锯削操作知识 （2）孔加工知识 （3）螺纹加工知识 （4）刮研操作知识
5．电工知识	5–1　通用设备和常用电器的种类及用途	（1）低压配电电器 （2）低压控制电器 （3）万用表的使用 （4）钳形电流表的使用
	5–2　电力拖动及控制原理基础知识	（1）电力拖动基础知识 （2）控制原理基础知识
	5–3　安全用电知识	（1）电流的伤害 （2）触电急救知识 （3）用电安全措施
6．安全文明生产与环境保护知识	6–1　现场文明生产要求	（1）现场文明生产要求
	6–2　安全操作与劳动保护知识	（1）劳动保护知识 （2）安全操作与防护
	6–3　环境保护知识	（1）工业企业对环境的污染 （2）工业企业环境保护

续表

职业基本素质模块	培训内容	培训细目
7．质量管理知识	7–1　企业的质量方针	（1）企业的质量方针
	7–2　岗位的质量要求	（1）岗位的质量要求
	7–3　岗位的质量保证措施与责任	（1）岗位的质量保证措施与责任
8．相关法律、法规知识	8–1　相关法律、法规知识	（1）劳动法相关知识 （2）劳动合同法相关知识

2.1.2　初级职业技能培训要求

职业功能模块	培训内容	技能目标	培训细目
1．装配零件加工	1–1　划线操作	1–1–1　能进行轴承盖、箱体盖类工件平面划线和轴承座零件的立体划线	（1）轴承盖平面划线 （2）箱体盖平面划线 （3）轴承座立体划线
		1–1–2　能使用分度头对旋转体类零件进行 4 等分、6 等分、8 等分划线	（1）分度头的使用
		1–1–3　能进行普通车床、普通铣床电器箱箱盖类钣金件的划线	（1）普通机床电器箱箱盖钣金件划线
	1–2　锯削、锉削、錾削加工	1–2–1　能使用砂轮机刃磨錾子	（1）砂轮机的使用 （2）錾子的刃磨
		1–2–2　能在钢件上完成小平面和直油槽的錾削	（1）水平面錾削 （2）直油槽錾削
		1–2–3　能依据型材的特性选择锯条	（1）锯条的选用
		1–2–4　能锯削直径 ϕ 30 ~ 50 mm 的 45 钢件，锯断面达到平面度公差 0.5 mm 的要求	（1）钢件锯削

续表

职业功能模块	培训内容	技能目标	培训细目
1．装配零件加工	1-2　锯削、锉削、錾削加工	1-2-5　能按照要求选择锉刀锉削 20 mm × 50 mm 的平面，并达到以下要求：平面度公差 0.08 mm，尺寸公差 IT9，表面粗糙度 *Ra*3.2	（1）锉刀的选用与保养 （2）锉削平面
	1-3　孔加工和螺纹加工	1-3-1　能刃磨标准麻花钻头	（1）标准麻花钻刃磨
		1-3-2　能操作台式钻床或立式钻床，进行钻孔、扩孔、锪孔、铰孔	（1）台式钻床操作 （2）立式钻床操作
		1-3-3　能钻削直径 ϕ10 mm 孔，并达到位置度公差 ϕ0.3 mm 的要求	（1）钻削直孔
		1-3-4　能铰削直孔，并达到以下要求：尺寸公差 IT8，表面粗糙度 *Ra*1.6	（1）铰削直孔
		1-3-5　能根据不同材料确定攻螺纹、套螺纹前的底孔直径和圆杆直径	（1）螺纹计算
		1-3-6　能用丝锥、板牙进行攻、套内外螺纹	（1）内螺纹加工 （2）外螺纹加工
	1-4　刮削和研磨	1-4-1　能刮削平板，并达到以下要求：25 mm × 25 mm 范围内接触点不少于 12 点	（1）平板刮削
		1-4-2　能研磨 100 mm × 100 mm 的平面，并达到以下要求：表面粗糙度 *Ra*0.8，平面度 0.03 mm	（1）平面研磨
2．机械装配	2-1　零件清洗与防护	2-1-1　能选择清洗剂与防护材料	（1）清洗剂的选择 （2）防护材料的选择
		2-1-2　能对零件进行清洗和防护	（1）零件防护
		2-1-3　能根据不同零件的特点，确定零件的清洗与防护工艺流程	（1）确定零件的清洗与防护流程

续表

职业功能模块	培训内容	技能目标	培训细目
2．机械装配	2-2　固定连接装配	2-2-1　能选择和使用通用工具，进行各种形式螺纹连接的装配和拆卸	（1）螺纹连接通用工具选用 （2）螺纹连接的装配 （3）螺纹连接的拆卸
		2-2-2　能选配平键，并进行轴与轴上零件的平键连接的装配和拆卸	（1）平键的选配 （2）平键连接的装配 （3）平键连接的拆卸
		2-2-3　能进行定位销的装配和拆卸	（1）销连接的装配 （2）销连接的拆卸
	2-3　传动机构装配	2-3-1　能进行带轮和传动带的装配、拆卸和张紧力调整	（1）带轮的装拆 （2）传动带的装拆 （3）张紧力的调整
		2-3-2　能进行链轮和链条的装配和拆卸	（1）链传动机构的装配 （2）链传动机构的拆卸
		2-3-3　能进行圆柱齿轮传动机构的装配	（1）齿轮传动机构的装配
		2-3-4　能进行螺旋传动机构的装配	（1）螺纹传动机构的装配 （2）蜗轮传动机构的装配
	2-4　轴承和轴组装配	2-4-1　能进行0级滚动轴承的装配	（1）0级滚动轴承的装配
		2-4-2　能进行整体式滑动轴承、轴套、轴承座的装配	（1）整体式滑动轴承、轴套、轴承座的装配
		2-4-3　能进行轴承的润滑部分和密封件的装配	（1）轴承的润滑部分装配 （2）轴承密封件装配
	2-5　液压传动装配	2-5-1　能进行液压管接头的装配和拆卸	（1）液压管接头装配 （2）液压管接头拆卸
		2-5-2　能进行金属管的扩口和装配	（1）金属管的扩口 （2）金属管的装配

续表

职业功能模块	培训内容	技能目标	培训细目
2．机械装配	2–6　部件和整机装配	2–6–1　能进行普通车床、普通铣床、牛头刨床等的部件装配	（1）普通机床部件的装配 （2）普通铣床部件的装配 （3）牛头刨床部件的装配
		2–6–2　能进行抛光机、装订机、平口钳、小型压力机等设备的总装配	（1）抛光机整机装配 （2）装订机整机装配 （3）平口钳整机装配 （4）小型压力机整机装配
3．设备检验、调试	3–1　精度检验	3–1–1　能使用游标卡尺、千分尺、内径百分表等常用量具检验钻孔、铰孔及螺纹的质量	（1）使用通用量具检验钻孔、铰孔及螺纹质量
		3–1–2　能使用卡规、塞规等检验产品	（1）使用专用量具检验
	3–2　装配质量检验	3–2–1　能检验机械的完整性、连接及紧固可靠性、运动件灵活性、表面涂装质量	（1）机械装配的完整性检验 （2）机械装配的可靠性检验 （3）机械运动件的灵活性检验 （4）机械表面涂装质量检验
		3–2–2　能进行普通车床、普通铣床的空运转试验操作，并检验设备运行有无异常、过热等现象	（1）普通车床的空运转试验 （2）普通铣床的空运转试验
	3–3　设备安装和调试	3–3–1　能使用水平仪检查和调整机械设备工作台的水平	（1）使用水平仪检查调整机械设备工作台
		3–3–2　能进行台式或立式钻床等机械设备的安装和调试	（1）台式钻床安装与调试 （2）立式钻床安装与调试

2.1.3 中级职业技能培训要求

职业功能模块	培训内容	技能目标	培训细目
1. 装配零件加工	1-1 划线操作	1-1-1 能进行箱体、床身等较大型工件及形状较复杂工件的立体划线	(1) 箱体的立体划线 (2) 床身的立体划线
		1-1-2 能进行锥体和多面体等有相贯线的钣金组合件的展开划线	(1) 锥体的展开划线 (2) 多面体的展开划线
	1-2 锯削、锉削、錾削加工	1-2-1 能刃磨油槽錾，并完成轴瓦上油槽的錾削	(1) 刃磨油槽錾 (2) 轴瓦油槽的錾削
		1-2-2 能锯削 ϕ30 ~ 50 mm 的 45 钢件，锯断面达到平面度公差 0.4 mm 的要求	(1) 钢件锯削
		1-2-3 能锉削 20 mm × 50 mm 的平面，并达到以下要求：平面度公差 0.05 mm，尺寸公差 IT8，表面粗糙度 *Ra*1.6	(1) 平面锉削
	1-3 孔加工和螺纹加工	1-3-1 能操作手电钻、高速钻床进行钻孔	(1) 手电钻的使用 (2) 高速钻床的使用
		1-3-2 能刃磨标准麻花钻，钻孔达到以下要求：尺寸公差 IT10，位置度公差 ϕ0.2 mm，表面粗糙度 *Ra*2.5	(1) 标准麻花钻刃磨修磨 (2) 钻孔加工
		1-3-3 能研磨铰刀，铰孔达到以下要求：尺寸公差 IT7，表面粗糙度 *Ra*0.8	(1) 铰孔加工
		1-3-4 能在盲孔上攻制螺纹	(1) 盲孔上攻制螺纹
		1-3-5 能攻制 M4 螺纹	(1) 攻制 M4 螺纹
		1-3-6 能修磨磨损的丝锥，恢复其切削功能	(1) 修磨磨损的丝锥

续表

职业功能模块	培训内容	技能目标	培训细目
1．装配零件加工	1-4　刮削和研磨	1-4-1　能刮削平板、方箱及燕尾形导轨，并达到以下要求：25mm × 25mm范围内接触点不少于16点，表面粗糙度 *Ra*0.8，直线度公差0.02 mm/1 000 mm	（1）平板刮削 （2）方箱刮削 （3）燕尾形导轨刮削
		1-4-2　能刮削轴瓦，并达到以下要求：25 mm × 25 mm范围内接触点为16 ～ 20点，圆柱度 ϕ0.02 mm，表面粗糙度 *Ra*1.6	（1）刮削轴瓦
		1-4-3　能研磨 ϕ80 mm× 400 mm轴孔，并达到以下要求：圆柱度 ϕ0.02 mm，表面粗糙度 *Ra*0.8	（1）轴孔的研磨
2．机械装配	2-1　零件黏结	2-1-1　能选择黏结剂	（1）黏结剂的选用
		2-1-2　能确定和加工黏结的接头	（1）黏结的接头形式确定 （2）黏结接头的加工
		2-1-3　能对被黏结物进行表面处理	（1）被黏结物的表面处理
		2-1-4　能涂敷黏结剂进行零件的黏结	（1）黏结剂的涂敷
	2-2　固定连接装配	2-2-1　能进行花键连接的装配与拆卸	（1）花键连接的装配 （2）花键连接的拆卸
		2-2-2　能进行圆锥销连接的配钻、配铰，完成两个部件的定位安装	（1）圆锥销连接的配钻、配铰 （2）圆锥销连接的定位安装

续表

职业功能模块	培训内容	技能目标	培训细目
2．机械装配	2-3　传动机构装配	2-3-1　能进行圆锥齿轮传动机构的装配和调整	（1）圆锥齿轮传动机构的装配 （2）圆锥齿轮传动机构的调整
		2-3-2　能进行蜗轮蜗杆传动机构的装配和调整	（1）蜗轮蜗杆传动机构的装配 （2）蜗轮蜗杆传动机构传动的调整
	2-4　轴承和轴组装配	2-4-1　能进行滚动轴承的装配，并调整轴承和轴组的间隙	（1）滚动轴承的装配 （2）轴承和轴组的间隙调整
		2-4-2　能进行对开式滑动轴承的装配和间隙调整	（1）对开式滑动轴承的装配 （2）对开式滑动轴承的间隙调整
		2-4-3　能进行离合器的装配和多片摩擦离合器间隙的调整	（1）离合器的装配 （2）多片摩擦离合器间隙的调整
	2-5　液压传动装配	2-5-1　能进行普通液压元件、齿轮泵、球阀的安装及密封件的装配	（1）普通液压元件的装配 （2）齿轮泵的装配 （3）球阀的装配 （4）密封件的装配
		2-5-2　能进行各种液压辅件的安装	（1）液压辅件的安装
	2-6　部件和整机装配	2-6-1　能对旋转体进行静平衡试验	（1）旋转体静平衡试验
		2-6-2　能进行压缩机、气锤、压力机、木工机械、普通车床、普通铣床等的整机装配	（1）压缩机的整机装配 （2）气锤的整机装配 （3）压力机的整机装配 （4）木工机械的整机装配 （5）普通车床的整机装配 （6）普通铣床的整机装配

续表

职业功能模块	培训内容	技能目标	培训细目
3．设备检验调试	3-1　精度检验	3-1-1　能使用标准量具校对和调整通用量具和专用量具	（1）成套量块的应用 （2）通用量具和专用量具校对调整
		3-1-2　能使用标准量具进行精密尺寸的测量	（1）精密尺寸的测量
	3-2　装配质量检验与分析	3-2-1　能进行新装设备空运转试验	（1）新装设备空运转试验
		3-2-2　能使用常用量具对试件进行检验	（1）使用常用量具对试件进行检验
		3-2-3　能使用光学仪器检验普通车床、普通铣床等设备的几何精度	（1）使用光学仪器检验普通机床的几何精度
	3-3　设备调试	3-3-1　能对普通车床、普通铣床等设备的检查结果（如轴向窜动、径向跳动超差等质量问题）进行分析	（1）普通机床设备的检查结果分析
		3-3-2　能进行普通车床、普通铣床的整机调试	（1）普通车床的整机调试 （2）普通铣床的整机调试

2.1.4　高级职业技能培训要求

职业功能模块	培训内容	技能目标	培训细目
1．装配零件加工	1-1　划线操作	1-1-1　能进行发动机曲轴、曲柄连杆等复杂畸形工件的平面和立体划线	（1）发动机曲轴的平面划线 （2）曲柄连杆的平面划线 （3）发动机曲轴的立体划线 （4）曲柄连杆的立体划线
		1-1-2　能进行机床床身、齿轮箱的立体划线	（1）机床床身的立体划线 （2）齿轮箱的立体划线

续表

职业功能模块	培训内容	技能目标	培训细目
1．装配零件加工	1-2　锯削、锉削加工	1-2-1　能锯削 ϕ30～50 mm的45钢件，锯断面达到以下要求：平面度公差0.25 mm，尺寸公差0.3 mm	（1）钢件锯削
		1-2-2　能锉削20 mm×50 mm的平面，并达到以下要求：平面度公差0.02 mm，尺寸公差IT7，表面粗糙度 *Ra*1.6	（1）平面锉削
		1-2-3　能锉削和修整圆弧面，达到装配要求	（1）圆弧面锉削
	1-3　孔系加工	1-3-1　能钻削、扩削、铰削高精度孔系，并达到以下要求：尺寸公差IT7，位置度公差 ϕ0.1 mm，表面粗糙度 *Ra*0.8	（1）高精度孔系加工
		1-3-2　能按不同使用要求刃磨群钻	（1）标准群钻的刃磨 （2）其他群钻的刃磨
	1-4　刮削和研磨	1-4-1　能刮削平板、方箱及燕尾形导轨，并达到以下要求：25 mm×25 mm范围内接触点不少于20点，表面粗糙度 *Ra*0.4，直线度0.01 mm/1 000 mm	（1）平板刮削 （2）方箱刮削 （3）燕尾形导轨刮削
		1-4-2　能刮削轴瓦，并达到以下要求：25 mm×25 mm范围内接触点为20点，圆柱度 ϕ0.01 mm，表面粗糙度 *Ra*0.8	（1）轴瓦刮削
		1-4-3　能研磨 ϕ100 mm×400 mm孔，并达到以下要求：圆柱度 ϕ0.015 mm，表面粗糙度 *Ra*0.4	（1）孔的研磨加工

续表

职业功能模块	培训内容	技能目标	培训细目
2．机械装配	2-1 固定连接装配	2-1-1 能使用热胀法、冷缩法、液压套合法进行过盈连接的装配	（1）热胀法过盈连接装配 （2）冷缩法过盈连接装配 （3）液压套合法过盈连接装配
	2-2 传动机构装配	2-2-1 能进行齿形链的装配	（1）齿形链装配
		2-2-2 能进行齿形带的装配	（1）齿形同步带装配
	2-3 轴承和轴组装配	2-3-1 能进行可调式滑动轴承、多瓦式滑动轴承的装配和调整，并达到技术要求	（1）可调式滑动轴承装配 （2）多瓦式滑动轴承装配
		2-3-2 能进行静压滑动轴承的装配	（1）静压滑动轴承装配
	2-4 液压传动装配	2-4-1 能装配和调整安全阀等常用液压阀	（1）常用液压阀装配与调整
		2-4-2 能进行液压系统的整体连接安装	（1）液压系统的整体连接安装
	2-5 部件和整机装配	2-5-1 能对旋转体进行动平衡试验	（1）旋转体动平衡试验
		2-5-2 能进行机床主轴部件的装配	（1）机床主轴部件装配
		2-5-3 能进行外圆磨床、内圆磨床、平面磨床、万能磨床的部件装配	（1）外圆磨床的部件装配 （2）内圆磨床的部件装配 （3）平面磨床的部件装配 （4）万能磨床的部件装配
		2-5-4 能进行外圆磨床、内圆磨床、平面磨床、万能磨床等金属切削机床的整机装配	（1）外圆磨床的整机装配 （2）内圆磨床的整机装配 （3）平面磨床的整机装配 （4）万能磨床的整机装配

续表

职业功能模块	培训内容	技能目标	培训细目
3. 设备检验、调试	3-1 装配质量检验	3-1-1 能使用合像水平仪、光学平直仪对机床导轨进行精度检验	(1) 使用合像水平仪检验机床导轨 (2) 使用光学平直仪检验机床导轨
		3-1-2 能使用激光干涉仪对外圆磨床、内圆磨床、平面磨床、万能磨床等整机进行精度检验	(1) 使用激光干涉仪检验外圆磨床整机精度 (2) 使用激光干涉仪检验内圆磨床整机精度 (3) 使用激光干涉仪检验平面磨床整机精度 (4) 使用激光干涉仪检验万能磨床整机精度
	3-2 设备调试	3-2-1 能对负荷试验部件或系统的不合格项目进行分析，并提出相应的解决办法	(1) 解决负荷试验部件装配质量问题 (2) 解决负荷试验系统装配质量问题
		3-2-2 能根据精度检验结果调整机械设备的导轨和工作台	(1) 机床导轨调试 (2) 机床工作台调试
		3-2-3 能分析外圆磨床、内圆磨床、平面磨床、万能磨床等设备精度超差的原因	(1) 外圆磨床精度超差的原因分析 (2) 内圆磨床精度超差的原因分析 (3) 平面磨床精度超差的原因分析 (4) 万能磨床精度超差的原因分析
		3-2-4 能进行外圆磨床、内圆磨床、平面磨床、万能磨床等设备的调试	(1) 外圆磨床调试 (2) 内圆磨床调试 (3) 平面磨床调试 (4) 万能磨床调试

2.1.5 技师职业技能培训要求

职业功能模块	培训内容	技能目标	培训细目
1．装配零件加工	1-1 刮削和研磨	1-1-1 能刮削精密机床导轨，并达到以下要求：在 25 mm×25 mm 范围内接触点为 20～25 点，表面粗糙度 *Ra*0.4，直线度 0.003 mm/1 000 mm；组合导轨“V、—”“V、V”的平行度公差 0.004 mm/1 000 mm	（1）精密机床导轨刮削
		1-1-2 能精研 ϕ100mm×400 mm 孔，并达到以下要求：圆柱度 ϕ0.008 mm，表面粗糙度 *Ra*0.4	（1）孔的精研
	1-2 孔系加工	1-2-1 能加工高精度空间孔系	（1）数控机床的操作与编程 （2）高精度空间孔系加工
		1-2-2 能根据材料性能合理选用各种先进刀具	（1）新型刀具选择
2．机械装配	2-1 编制装配工艺	2-1-1 能提出装配需要的专用夹具、胎具的设计方案并利用 CAD 软件绘制草图	（1）复杂设备装配图测绘 （2）根据装配需要提出专用夹具、胎具设计方案 （3）绘制专用夹具、胎具设计草图
		2-1-2 能根据新产品的技术要求编制装配工艺规程	（1）新产品装配工艺文件编制
		2-1-3 能编制加工中心等设备的装配工艺文件	（1）加工中心装配工艺文件的编制
	2-2 高精数控设备装配	2-2-1 能装配高速、精密、复杂设备，并达到技术要求	（1）高速设备的装配与调整 （2）精密设备的装配与调整 （3）大型复杂设备的装配与调整
		2-2-2 能对数控机床进行装配	（1）数控机床的装配调整

续表

职业功能模块	培训内容	技能目标	培训细目
3．设备检验、调试	3-1　精度检验	3-1-1　能运用精密量仪对精密机械零件进行精度检验	（1）运用激光扫描仪进行精密零件精度检验 （2）运用三坐标测量仪进行精密零件精度检验
		3-1-2　能对高精设备试件不合格项的产生原因进行综合分析并予以处理	（1）高精度设备试件形状尺寸不合格项的原因及消除 （2）高精度设备试件位置尺寸不合格项的原因及消除 （3）高精度设备试件表面质量不合格项的原因及消除
		3-1-3　能对高速、精密、复杂设备的几何精度进行检验，并进行分析，提出提高设备精度的方法	（1）高速、精密、复杂设备的几何精度检验 （2）高速、精密、复杂设备的几何精度检验超差原因分析
	3-2　设备调试	3-2-1　能编写大型内燃机、螺杆式压缩机等大型、重型机械设备的检测文件，并进行调试	（1）大型内燃机检测文件的编写 （2）大型内燃机的安装调试 （3）螺杆式压缩机检测文件的编写 （4）螺杆式压缩机安装调试
		3-2-2　能编写大型自动化生产线的检测文件，并进行调试	（1）大型自动化生产线检测文件的编写 （2）大型自动化生产线的安装调试
4．培训与管理	4-1　培训	4-1-1　能指导本职业初级、中级、高级工进行实际操作	（1）指导实际作业操作
		4-1-2　能编写培训计划、培训大纲和作业指导书	（1）编写培训计划、培训大纲 （2）编写作业指导书
	4-2　管理	4-2-1　能根据本职业各项质量标准编制质量管理方案	（1）编制质量管理方案
		4-2-2　能撰写技术总结	（1）撰写技术总结
		4-2-3　能编写人员协同作业方案	（1）编写人员协同作业方案

2.1.6 高级技师职业技能培训要求

职业功能模块	培训内容	技能目标	培训细目
1．装配零件加工	1-1 特种加工	1-1-1 能使用超精密加工设备及特种加工技术进行零件加工	（1）加工中心的操作与编程 （2）激光加工设备应用 （3）数控电火花线切割机床操作与编程
	1-2 刮削和研磨	1-2-1 能组织解决刮削和研磨过程中出现的疑难问题	（1）解决细长工件刮削过程中出现的疑难问题 （2）解决大表面积工件在研磨过程中平面度的问题 （3）解决超薄工件在研磨过程中变形的问题
		1-2-2 能超精研磨 ϕ100 mm×400 mm 孔，并达到以下要求：圆柱度 0.006 mm，表面粗糙度 Ra0.1	（1）超精研磨
2．机械装配	2-1 编制装配工艺	2-1-1 能设计专用夹具、胎具并制图	（1）计算机三维软件应用 （2）专用夹具设计 （3）专用胎具设计
		2-1-2 能进行精密、大型、专用设备装配工艺的编制	（1）数控坐标镗床装配工艺文件编制 （2）数控齿轮磨床装配工艺文件编制
	2-2 装配与调整	2-2-1 能解决高速、精密、复杂设备装配中出现的机械技术难题	（1）解决高速设备装配中出现的机械技术难题 （2）解决精密设备装配中出现的机械技术难题 （3）解决复杂设备装配中出现的机械技术难题
3．设备检验、调试	3-1 设备性能及精度检验	3-1-1 能进行复杂设备的装配及整机精度检验	（1）零件探伤 （2）材料分析
	3-2 设备调试	3-2-1 能解决高速、精密、复杂设备在试验中出现的振动、变形、噪声等疑难问题	（1）高速、精密复杂设备在试验中的振动分析与解决 （2）高速、精密复杂设备在试验中的变形分析与解决 （3）高速、精密复杂设备在试验中的噪声分析与解决

续表

职业功能模块	培训内容	技能目标	培训细目
4. 培训管理	4-1 培训	4-1-1 能指导本职业技师进行实际操作	(1) 指导技师实际作业操作
		4-1-2 能编制培训讲义	(1) 编制培训讲义
	4-2 管理	4-2-1 能编制生产计划、调度计划及人员管理计划	(1) 生产计划编制 (2) 调度计划编制 (3) 人员管理计划编制
		4-2-2 能进行工程计划核算	(1) 工程计划核算

2.2 课程规范

2.2.1 职业基本素质培训课程规范

模块	课程	学习单元	课程内容	培训建议	课堂学时
1. 职业道德	1-1 职业认知	(1) 职业认知	1) 装配钳工的工作内容	(1) 方法：讲授法 (2) 重点与难点：装配钳工的工作内容	1
			2) 钳加工的发展		
			3) 装配钳工职业资格要求		
	1-2 职业道德基本知识	(1) 道德与职业道德	1) 道德 ①道德的含义 ②维持道德的依据 ③公民的道德规范 ④社会主义核心价值观	(1) 方法：讲授法、案例教学法 (2) 重点与难点：装配钳工职业道德的养成	1
			2) 职业道德 ①职业道德的特征 ②社会主义市场经济与职业道德的发展 ③职业道德与个人的发展 ④职业道德与企业的发展 ⑤装配钳工职业道德基本要求		

续表

模块	课程	学习单元	课程内容	培训建议	课堂学时
1. 职业道德	1–3 职业守则	（1）装配钳工职业守则	1）遵守法律、法规和有关规定	（1）方法：讲授法、案例教学法 （2）重点与难点：装配钳工职业守则的严格遵守	1
			2）爱岗敬业，具有高度的责任心		
			3）严格执行工作程序、工作规范、工艺文件和安全操作规程		
			4）工作认真负责，团结合作		
			5）爱护设备、工具、夹具、刀具、量具		
			6）着装整洁，符合规定；保持工作环境清洁有序，文明生产		
2. 专业基础理论知识	2–1 机械识图	（1）识图与制图基础知识	1）识图知识 ①投影原理及三视图 ②基本体的三视图 ③机械图样常用的视图表达方式 ④零件图 ⑤装配图	（1）方法：讲授法、练习法、演示法 （2）重点与难点：机械图样的绘制	18
			2）制图知识 ①测绘工具的使用 ②绘图的步骤与方法		
	2–2 公差配合与测量知识	（1）公差与配合基础知识	1）公差与配合的基本知识 ①公差与配合基本术语 ②公差与配合分类	（1）方法：讲授法、练习法、演示法 （2）重点：几何公差的识读 （3）难点：几何公差的意义	6
			2）尺寸公差		
			3）几何公差		
			4）表面粗糙度		
		（2）测量与标注知识	1）测量知识	（1）方法：讲授法、练习法、演示法 （2）重点与难点：图纸各类尺寸的标注	4
			2）零件图的标注		
			3）装配图的标注		

续表

模块	课程	学习单元	课程内容	培训建议	课堂学时
2. 专业基础理论知识	2-3 常用金属材料及热处理知识	(1) 金属材料的性能	1) 力学性能 2) 物理化学性能 3) 工艺性能	(1) 方法：讲授法、练习法、讨论法 (2) 重点：金属材料的工艺性能 (3) 难点：金属材料的力学性能	4
		(2) 常用钢铁材料	1) 钢的分类与牌号 2) 常用钢铁材料的性能 ①碳素钢 ②合金钢 ③铸铁	(1) 方法：讲授法、练习法、讨论法 (2) 重点：钢的牌号 (3) 难点：钢铁材料的选择	2
		(3) 钢铁材料的热处理	1) 钢铁材料的热处理 ①普通热处理 ②表面热处理 ③时效处理	(1) 方法：讲授法、练习法、讨论法 (2) 重点：热处理方法 (3) 难点：合理选择热处理的方法	2
		(4) 常用有色金属的性能及热处理	1) 铝及合金 2) 铜及铜合金	(1) 方法：讲授法、练习法、讨论法 (2) 重点：合金的性质 (3) 难点：有色金属的选择	2
	2-4 常用非金属材料知识	(1) 常用非金属工程材料	1) 工程塑料 2) 橡胶	(1) 方法：讲授法、练习法、讨论法 (2) 重点：非金属材料的性能 (3) 难点：非金属材料的选择	2
	2-5 力学常识	(1) 常用力学知识	1) 强度 2) 塑性 3) 硬度 4) 冲击韧性 5) 疲劳强度	(1) 方法：讲授法、练习法、讨论法 (2) 重点与难点：力学性能	2

续表

模块	课程	学习单元	课程内容	培训建议	课堂学时
2. 专业基础理论知识	2-6　液压及气动知识	（1）液压基本知识	1）液压传动基本原理 ①液压传动工作原理和特点 ②液压油的性质和选用	（1）方法：讲授法、练习法、讨论法 （2）重点与难点：典型液压元器件	4
			2）液压传动的元器件 ①动力原件 ②执行元件 ③控制元件 ④辅助元件		
			3）基本液压回路		
		（2）气动基本知识	1）气动基本原理 ①气压传动工作原理 ②气压传动的特点	（1）方法：讲授法、练习法、讨论法 （2）重点与难点：典型气动回路	4
			2）气动元器件 ①气源及辅助元件 ②压力控制阀 ③方向控制阀		
			3）基本气动回路		
3. 机械加工基础知识	3-1　机械传动知识	（1）机械传动基础知识	1）带传动 ①带传动的工作原理 ②带传动的组成 ③带传动的特点 ④带传动的类型 ⑤带传动的应用	（1）方法：讲授法、练习法、讨论法 （2）重点与难点：机械传动方式的选择	12
			2）链传动 ①链传动的工作原理 ②链传动的组成 ③链传动的特点 ④链传动的类型 ⑤链传动的应用		
			3）齿轮传动 ①齿轮传动的工作原理 ②齿轮传动的组成 ③齿轮传动的特点 ④齿轮传动的类型 ⑤齿轮传动的应用		

续表

模块	课程	学习单元	课程内容	培训建议	课堂学时
3. 机械加工基础知识	3-1 机械传动知识	（1）机械传动基础知识	4）螺旋传动 ①螺旋传动的工作原理 ②螺旋传动的组成 ③螺旋传动的特点 ④螺旋传动的类型 ⑤螺旋传动的应用		
		（2）简单机械零件	1）连接	（1）方法：讲授法、练习法、讨论法 （2）重点与难点：机械零件的选择	6
			2）联轴器		
			3）轴与轴承		
	3-2 机械加工常用设备的分类、用途	（1）机械加工常用设备的分类、用途	1）车床种类与用途	（1）方法：讲授法、练习法、讨论法 （2）重点与难点：机械设备的选择	4
			2）铣床种类与用途		
			3）钻床种类与用途		
			4）刨床种类与用途		
			5）插床种类与用途		
			6）磨床种类与用途		
			7）镗床种类与用途		
	3-3 金属切削原理和常用刀具知识	（1）金属切削原理	1）金属切削的概念	（1）方法：讲授法、练习法、讨论法 （2）重点与难点：切削要素	2
			2）切削运动和工作表面		
			3）切削要素		
		（2）常用刀具知识	1）刀具材料及应用 ①刀具材料的性能 ②刀具材料种类和应用	（1）方法：讲授法、练习法、讨论法 （2）重点与难点：刀具的选择	6
			2）刀具切削的几何角度及对切削性能的影响 ①刀具组成 ②辅助平面 ③切削部分的几何角度		
			3）常用刀具 ①钻头 ②铰刀 ③丝锥 ④板牙		

续表

模块	课程	学习单元	课程内容	培训建议	课堂学时
3. 机械加工基础知识	3-4 典型零件（主轴、箱体、齿轮等）的加工工艺	（1）主轴加工工艺	1）主轴零件分析 2）主轴零件加工工艺过程	（1）方法：讲授法、练习法、讨论法 （2）重点与难点：主轴的加工工艺过程	2
		（2）箱体加工工艺	1）箱体零件分析 2）箱体零件加工工艺过程	（1）方法：讲授法、练习法、讨论法 （2）重点与难点：箱体的加工工艺过程	2
		（3）直齿圆柱齿轮加工工艺	1）直齿圆柱齿轮零件分析 2）直齿圆柱齿轮零件加工工艺过程	（1）方法：讲授法、练习法、讨论法 （2）重点与难点：齿轮的加工工艺过程	2
	3-5 设备润滑及切削液的基础知识	（1）设备润滑常识	1）润滑剂的作用及种类 2）润滑剂特点及用途	（1）方法：讲授法、练习法、讨论法 （2）重点与难点：润滑剂的选择	1
		（2）切削液的基础知识	1）切削液的作用及种类 2）切削液的特点及用途	（1）方法：讲授法、练习法、讨论法 （2）重点与难点：切削液的选择	1
	3-6 工具、刀具、夹具和量具的使用与维护知识	（1）常用工具的种类、使用与维护	1）台虎钳 2）手持式砂轮机 3）手电钻 4）扳手	（1）方法：讲授法、练习法、讨论法 （2）重点：常用工具的使用 （3）难点：常用工具的维护	2
		（2）常用刀具的种类、使用与维护	1）钻头 2）铰刀 3）丝锥 4）板牙	（1）方法：讲授法、练习法、讨论法 （2）重点：常用刀具的使用 （3）难点：常用刀具的维护	2
		（3）常用夹具的种类、使用与维护	（1）弓形夹 （2）V 形铁	（1）方法：讲授法、练习法、讨论法 （2）重点：常用夹具的使用 （3）难点：常用夹具的维护	1

续表

模块	课程	学习单元	课程内容	培训建议	课堂学时
3. 机械加工基础知识	3-6 工具、刀具、夹具和量具的使用与维护知识	(4) 常用量具的种类、使用与维护	1) 钢直尺	(1) 方法：讲授法、练习法、讨论法 (2) 重点：常用量具的使用 (3) 难点：常用量具的维护	2
			2) 游标卡尺		
			3) 千分尺		
			4) 高度尺		
			5) 万能量角器		
4. 钳工工艺知识	4-1 划线知识	(1) 划线知识	1) 划线工具及其使用	(1) 方法：讲授法、练习法、演示法 (2) 重点与难点：划线的方法	2
			2) 划线方法		
			3) 分度头划线方法		
	4-2 錾、锉、锯、钻孔、铰孔、攻螺纹、套螺纹、刮研等钳工操作相关知识	(1) 錾削、锉削、锯削操作知识	1) 錾削 ①錾削工具 ②錾削方法及注意事项	(1) 方法：讲授法、练习法、演示法 (2) 重点与难点：钳加工基本方法	12
			2) 锉削 ①锉削工具 ②锉削方法及注意事项		
			3) 锯削 ①锯削工具 ②锯削方法及注意事项		
		(2) 孔加工知识	1) 钻孔	(1) 方法：讲授法、练习法、演示法 (2) 重点与难点：孔加工基本方法	4
			2) 铰孔		
			3) 扩孔		
			4) 锪孔		
		(3) 螺纹加工知识	1) 螺纹的种类	(1) 方法：讲授法、练习法、演示法 (2) 重点与难点：螺纹加工基本方法	2
			2) 外螺纹加工		
			3) 内螺纹加工		

续表

模块	课程	学习单元	课程内容	培训建议	课堂学时
4. 钳工工艺知识	4-2 錾锉、锯、钻孔、铰孔、攻螺纹、套螺纹、刮研等钳工操作相关知识	(4) 刮研操作知识	1) 刮削操作 ①刮削原理 ②刮削工具 ③刮削方法	(1) 方法：讲授法、练习法、演示法 (2) 重点与难点：刮研加工基本方法	4
			2) 研磨操作 ①研磨原理 ②研磨工具 ③研磨方法		
5. 电工知识	5-1 通用设备和常用电器的种类及用途	(1) 通用电器元件	1) 刀开关	(1) 方法：讲授法、练习法、演示法 (2) 重点与难点：通用电器元件的选择	4
			2) 转换开关		
			3) 熔断器		
			4) 低压断路器		
			5) 主令电器		
			6) 接触器		
			7) 热继电器		
		(2) 常用仪表的使用	1) 指针式万用表 ①使用方法 ②使用注意事项	(1) 方法：讲授法、练习法、演示法 (2) 重点与难点：常用仪表的选择	2
			2) 指针式钳形电流表 ①使用方法 ②使用注意事项		
	5-2 电力拖动及控制原理基础知识	(1) 典型基本电气控制电路	1) 电动机点动控制电路	(1) 方法：讲授法、案例法 (2) 重点：电路的识读 (3) 难点：电路的连接	2
			2) 星形—三角形起动控制电路		
		(2) 典型机床电气控制电路	1) CA6140 车床控制电路	(1) 方法：讲授法、案例法 (2) 重点：电路的识读 (3) 难点：电路故障	2
			2) 电路常见故障		

续表

模块	课程	学习单元	课程内容	培训建议	课堂学时
5. 电工知识	5–3 安全用电知识	(1) 安全用电常识	1）电流对人体的伤害 2）触电造成的伤害种类 3）触电者脱离电源的方法和急救方法 4）常用安全用电措施	(1) 方法：讲授法、案例法 (2) 重点：电流对人体的伤害 (3) 难点：触电的急救方法	2
6. 安全文明生产与环境保护知识	6–1 现场文明生产要求	(1) 现场文明生产要求	1）生产现场的定义 2）现场文明生产的意义 3）加强现场文明生产的管理 4）现场文明生产要求	(1) 方法：讲授法、案例分析法、讨论法 (2) 重点与难点：加强现场文明生产的管理	2
	6–2 安全操作与劳动保护知识	(1) 安全操作与劳动保护知识	1）劳动保护常识 2）机械安全操作与防护 ①机械伤害的类型 ②机械设备的危险与防护 3）防火防爆安全	(1) 方法：讲授法、案例分析法、讨论法 (2) 重点：安全操作知识 (3) 难点：机械设备安全防护	2
	6–3 环境保护知识	(1) 环境保护知识	1）固体废物 ①固体废物及其对环境的污染 ②固体废物的管理	(1) 方法：讲授法、案例分析法、讨论法 (2) 重点：工业企业污染源 (3) 难点：工业企业污染源的防治	2

续表

模块	课程	学习单元	课程内容	培训建议	课堂学时
6. 安全文明生产与环境保护知识	6–3　环境保护知识	（1）环境保护知识	2）液体废物 ①液体废物及其对环境的污染 ②液体废物的管理		
			3）气体废物 ①气体废物及其对环境的污染 ②气体废物的管理		
			4）噪声 ①噪音及其对环境的污染 ②噪声的防护		
7. 质量管理知识	7–1　企业的质量方针	（1）企业的质量方针	1）质量方针的意义	（1）方法：讲授法、案例分析法、讨论法 （2）重点与难点：质量方针的内容	2
			2）企业质量方针的内容		
	7–2　岗位的质量要求	（1）质量管理的工作内容	1）企业管理与质量控制 ①质量 ②工作质量 ③质量管理	（1）方法：讲授法、案例分析法、讨论法 （2）重点与难点：质量管理的发展	2
			2）质量管理的工作内容 ①全面质量管理 ②岗位质量管理		
	7–3　岗位的质量保证措施与责任	（1）生产过程中的质量管理	1）质量保证关系	（1）方法：讲授法、案例分析法、讨论法 （2）重点与难点：质量认证方法	2
			2）工人在现场质量管理工作中的具体工作		
			3）提高现场工作质量的方法		

续表

模块	课程	学习单元	课程内容	培训建议	课堂学时
8. 相关法律、法规知识	8-1 相关法律、法规知识	(1) 劳动法相关知识	1) 劳动者的权利和义务 2) 劳动合同制度 3) 劳动合同的订立、变更和解除 4) 劳动安全卫生制度 5) 社会保险制度 6) 劳动争议处理	(1) 方法：讲授法、案例分析法、讨论法 (2) 重点与难点：劳动法的应用	2
		(2) 劳动合同法相关知识	1) 劳动合同的订立 2) 劳动合同的履行和变更 3) 劳动合同的解除和终止 4) 违反劳动合同的法律责任	(1) 方法：讲授法、案例分析法、讨论法 (2) 重点与难点：劳动合同法的应用	2
课堂学时合计					150

2.2.2 初级职业技能培训课程规范

模块	课程	学习单元	课程内容	培训建议	课堂学时
1. 装配零件加工	1-1 划线操作	(1) 零件的平面划线	1) 划线工具的使用与保养 2) 划线前的准备工作 ①划线工具准备 ②工件的清洗 ③工件划线部位涂色 3) 划线基准的选择 4) 划基本线条的方法 5) 轴承盖平面划线 6) 箱体盖平面划线	(1) 方法：讲授法、演示法、讨论法 (2) 重点：平面划线方法 (3) 难点：划线基准的选择	8

续表

<table>
<tr><th>模块</th><th>课程</th><th>学习单元</th><th>课程内容</th><th>培训建议</th><th>课堂学时</th></tr>
<tr><td rowspan="15">1. 装配零件加工</td><td rowspan="8">1–1　划线操作</td><td rowspan="2">（2）零件的立体划线</td><td>1）立体划线的方法</td><td rowspan="2">（1）方法：讲授法、演示法、讨论法
（2）重点：立体划线方法
（3）难点：轴承座零件立体划线</td><td rowspan="2">8</td></tr>
<tr><td>2）轴承座零件立体划线</td></tr>
<tr><td rowspan="3">（3）分度头的使用</td><td>1）分度头的结构和工作原理</td><td rowspan="3">（1）方法：讲授法、演示法、讨论法
（2）重点与难点：分度头划线</td><td rowspan="3">4</td></tr>
<tr><td>2）分度盘的结构和分度计算</td></tr>
<tr><td>3）分度头划线</td></tr>
<tr><td rowspan="3">（4）钣金件的划线</td><td>1）钣金工的工作工序</td><td rowspan="3">（1）方法：讲授法、演示法、讨论法、练习法
（2）重点与难点：机床电器箱箱盖钣金件划线</td><td rowspan="3">8</td></tr>
<tr><td>2）钣金常用工具和设备</td></tr>
<tr><td>3）机床电器箱箱盖钣金件划线</td></tr>
<tr><td rowspan="7">1–2　锯削、锉削、錾削加工</td><td rowspan="5">（1）錾削加工</td><td>1）砂轮机的安全操作</td><td rowspan="5">（1）方法：讲授法、演示法、练习法
（2）重点：錾子的刃磨方法
（3）难点：錾削的加工方法</td><td rowspan="5">20</td></tr>
<tr><td>2）錾子的材料与热处理</td></tr>
<tr><td>3）錾子切削刃的刃磨</td></tr>
<tr><td>4）小平面錾削</td></tr>
<tr><td>5）直油槽的錾削</td></tr>
<tr><td rowspan="2">（2）锯削加工</td><td>1）锯削工具选择与安装
①锯条的规格
②锯条的选择
③锯条的安装
④锯弓的种类</td><td rowspan="2">（1）方法：讲授法、演示法、讨论法、练习法
（2）重点与难点：锯削操作</td><td rowspan="2">30</td></tr>
<tr><td>2）钢件锯削加工
①锯削操作
②锯削的检测</td></tr>
</table>

续表

模块	课程	学习单元	课程内容	培训建议	课堂学时
1. 装配零件加工	1-2 锯削、锉削、錾削加工	(3) 锉削加工	1) 锉刀的规格与选择	(1) 方法：讲授法、演示法、讨论法、练习法 (2) 重点与难点：锉削操作	30
			2) 锉刀的保养		
			3) 平面锉削加工 ①锉削操作 ②锉削的检测		
	1-3 孔加工和螺纹加工	(1) 孔加工	1) 钻头种类、结构和切削用量的选择 ①标准麻花钻 ②扩孔钻 ③锪孔钻	(1) 方法：讲授法、演示法、讨论法 (2) 重点：钻孔方法 (3) 难点：铰孔加工操作	30
			2) 标准麻花钻刃磨		
			3) 钻床的种类与构造		
			4) 钻床的操作 ①钻头的夹持 ②台式钻床操作 ③立式钻床操作		
			5) 钻削直孔 ①钻头的选择 ②钻削用量的选择 ③钻孔时的冷却润滑		
			6) 铰削直孔 ①机铰的切削速度和进给量 ②铰孔余量的确定 ③切削液的选择		

续表

<table>
<tr><th>模块</th><th>课程</th><th>学习单元</th><th>课程内容</th><th>培训建议</th><th>课堂学时</th></tr>
<tr><td rowspan="12">1. 装配零件加工</td><td rowspan="5">1-3 孔加工和螺纹加工</td><td rowspan="5">（2）螺纹加工</td><td>1）螺纹的标准
①公制螺纹
②英制螺纹</td><td rowspan="5">（1）方法：讲授法、演示法
（2）重点：螺纹的加工方法
（3）难点：螺纹的尺寸计算</td><td rowspan="5">30</td></tr>
<tr><td>2）螺纹的尺寸计算
①管螺纹
②圆锥管螺纹</td></tr>
<tr><td>3）螺纹加工工具
①攻螺纹与丝锥的结构特点
②套螺纹与板牙的结构特点</td></tr>
<tr><td>4）攻螺纹</td></tr>
<tr><td>5）套螺纹</td></tr>
<tr><td rowspan="7">1-4 刮削和研磨</td><td rowspan="4">（1）刮削加工</td><td>1）原始平板的刮削方法</td><td rowspan="4">（1）方法：讲授法、演示法
（2）重点：平面的刮削
（3）难点：刮刀的刃磨</td><td rowspan="4">12</td></tr>
<tr><td>2）刮刀及显示剂的选用</td></tr>
<tr><td>3）刮刀的刃磨</td></tr>
<tr><td>4）平板刮削</td></tr>
<tr><td rowspan="3">（2）研磨加工</td><td>1）研具的选用</td><td rowspan="3">（1）方法：讲授法、演示法
（2）重点：研磨方法
（3）难点：平面研磨</td><td rowspan="3">12</td></tr>
<tr><td>2）研磨剂的选用与配制</td></tr>
<tr><td>3）平面研磨</td></tr>
<tr><td rowspan="5">2. 机械装配</td><td rowspan="5">2-1 零件清洗与防护</td><td rowspan="5">（1）零件清洗与防护</td><td>1）清洗剂的选用
①清洗剂的种类
②清洗剂的选用</td><td rowspan="5">（1）方法：讲授法、演示法、讨论法
（2）重点：零件清洗与防护操作
（3）难点：清洗与防护流程的选择</td><td rowspan="5">8</td></tr>
<tr><td>2）金属腐蚀与防护
①零件防护的概念
②金属腐蚀的种类
③防护材料的选用</td></tr>
<tr><td>3）零件清洗工艺</td></tr>
<tr><td>4）零件防护工艺</td></tr>
<tr><td>5）零件清洗与防护</td></tr>
</table>

续表

模块	课程	学习单元	课程内容	培训建议	课堂学时
2. 机械装配	2–2 固定连接装配	(1) 螺纹连接的装配与拆卸	1) 螺纹连接装配的技术要求	(1) 方法：讲授法、演示法、讨论法 (2) 重点：螺纹连接的装拆	8
			2) 螺纹连接工具选用		
			3) 螺纹连接的防松		
			4) 螺纹连接的装拆		
		(2) 键连接的装配与拆卸	1) 键的种类与特点	(1) 方法：讲授法、演示法、讨论法、练习法 (2) 重点与难点：平键连接的装拆	6
			3) 平键的规格与代号		
			3) 键连接的配合类型与选用		
			4) 平键连接的装拆		
		(3) 销连接的装配与拆卸	1) 销的种类和销连接的应用	(1) 方法：讲授法、演示法、讨论法、练习法 (2) 重点：圆柱销和圆锥销的装拆	6
			2) 圆柱销的装拆		
			3) 圆锥销的装拆		
	2–3 传动机构装配	(1) 带轮和带传动的装配与拆卸	1) 传动带的参数选用	(1) 方法：讲授法、演示法、讨论法 (2) 重点：带传动机构的装配	6
			2) 带传动机构的装拆		
			3) 带传动的张紧装置和调整方法		
		(2) 链传动的装配	1) 链轮和链条的主要参数	(1) 方法：讲授法、演示法、讨论法、练习法 (2) 重点与难点：链传动机构的张紧及装拆	6
			2) 链传动机构的装拆		
			3) 链传动机构的张紧		

续表

模块	课程	学习单元	课程内容	培训建议	课堂学时
2. 机械装配	2-3 传动机构装配	（3）圆柱齿轮传动机构的装配	1）圆柱齿轮机构的传动特点	（1）方法：讲授法、演示法、讨论法、练习法 （2）重点：圆柱齿轮传动机构的装配 （3）难点：圆柱齿轮机构主要参数的计算	8
			2）圆柱齿轮机构主要参数计算		
			3）圆柱齿轮传动装置装配技术要求		
			4）圆柱齿轮传动机构的装配		
		（4）螺旋传动机构的装配	1）螺旋传动的类型 ①普通螺旋传动 ②差动螺旋传动 ③滚珠螺旋传动	（1）方法：讲授法、演示法、讨论法、练习法 （2）难点：螺旋传动机构的间隙调整	8
			2）螺纹传动机构装配		
			3）蜗轮传动机构装配		
			4）螺旋传动机构的间隙调整		
	2-4 轴承和轴组装配	（1）0级滚动轴承的装配	1）滚动轴承的选用 ①滚动轴承的结构、特点 ②滚动轴承的分类、代号 ③滚动轴承的选用	（1）方法：讲授法、演示法、讨论法 （2）重点：滚动轴承的装配	6
			2）轴承的装调方法 ①轴承的固定 ②轴承组合的调整 ③轴承的配合		
			3）滚动轴承的装配		

续表

模块	课程	学习单元	课程内容	培训建议	课堂学时
2. 机械装配	2-4 轴承和轴组装配	(2) 整体式滑动轴承的装配	1) 滑动轴承的结构特点、类型	(1) 方法：讲授法、演示法、讨论法 (2) 难点：滑动轴承的装配	8
			2) 滑动轴承的轴瓦及轴承座材料		
			3) 滑动轴承装配 ①零件检查及清洗 ②主件安装 ③附件安装		
		(3) 轴承的润滑部分和密封件装配	1) 常用润滑剂、润滑脂的种类和特性	(1) 方法：讲授法、演示法、讨论法 (2) 重点与难点：轴承密封件的装配	6
			2) 轴承润滑装置的结构特点		
			3) 轴承润滑装置装配		
			4) 轴承密封件的结构特点		
			5) 轴承密封件装配		
	2-5 液压传动装配	(1) 液压管接头拆装	1) 管接头和连接方式的特点	(1) 方法：讲授法、演示法、讨论法 (2) 重点：液压管接头的装配和拆卸 (3) 难点：管接头的防漏	6
			2) 管接头的预装		
			3) 管接头的装拆		
			4) 管接头的防漏		
		(2) 金属管的扩口与装配	1) 金属管的扩口	(1) 方法：讲授法、演示法、讨论法、练习法 (2) 重点：金属管的装配 (3) 难点：金属管的扩口	4
			2) 金属管的装配		

续表

模块	课程	学习单元	课程内容	培训建议	课堂学时
2. 机械装配	2–6 部件和整机装配	（1）普通机床部件装配	1）普通车床部件装配 ①普通车床的工作原理 ②普通车床的构造 ③普通车床部件装配	（1）方法：讲授法、演示法、讨论法 （2）重点：普通机床的部件装配	12
			2）普通铣床部件装配 ①普通铣床的工作原理 ②普通铣床的构造 ③普通铣床部件装配		
			3）牛头刨床部件装配 ①牛头刨床的工作原理 ②牛头刨床的构造 ③牛头刨床部件装配		
		（2）通用机械总装	1）通用机械装配安全操作规程	（1）方法：讲授法、演示法、讨论法 （2）重点：通用机械装配安全操作规程	24
			2）抛光机整机装配		
			3）装订机整机装配		
			4）平口钳整机装配		
			5）小型压力机整机装配		
3. 设备检验、调试	3–1 精度检验	（1）使用通用量具检测产品	1）通用量具的选用	（1）方法：讲授法、演示法、讨论法 （2）重点：通用量具的使用方法	6
			2）钻孔、铰孔、螺纹质量检验		
		（2）使用专用量具检验产品	1）专用量具的选用	（1）方法：讲授法、演示法、讨论法 （2）难点：专用量具的选用	6
			2）专用量具的使用及注意事项		

续表

模块	课程	学习单元	课程内容	培训建议	课堂学时
3. 设备检验、调试	3-2 装配质量检验	(1) 机械装配质量检验	1) 机械装配质量的检验内容	(1) 方法：讲授法、演示法、讨论法 (2) 难点：机械装配质量的检验	20
			2) 机械的润滑、密封与防漏		
			3) 机械的涂装和防锈		
			4) 机械装配质量的检验		
		(2) 普通机床空运转试验	1) 空运转的流程和方法	(1) 方法：讲授法、演示法、讨论法 (2) 重点：普通机床空运转试验	12
			2) 普通车床空运转试验		
			3) 普通铣床空运转试验		
	3-3 设备安装和调试	(1) 机械设备安装与调试	1) 水平仪的原理与使用 ①水平仪的测量原理 ②水平仪的读数 ③配合水平仪测量的用具 ④水平仪的使用	(1) 方法：讲授法、演示法、讨论法 (2) 重点：水平仪的使用方法 (3) 难点：机械设备的安装与调试	12
			2) 机械设备安装的基础知识 ①安装方法 ②调试方法		
			3) 台式钻床的安装与调试		
			4) 立式钻床的安装与调试		
课堂学时合计					370

2.2.3 中级职业技能培训课程规范

模块	课程	学习单元	课程内容	培训建议	课堂学时
1. 装配零件加工	1–1 划线操作	（1）较大型工件及形状较复杂工件的立体划线	1）形状复杂工件的立体划线方法	（1）方法：讲授法、演示法、练习法 （2）重点：较大型及形状复杂工件的划线方法 （3）难点：划线时的找正和借料	10
			2）划线基准的选择		
			3）划线时的找正和借料		
			4）箱体的立体划线		
			5）床身的立体划线		
		（2）有相贯线的钣金组合件的展开划线	1）画展开图的方法	（1）方法：讲授法、演示法、练习法 （2）重点：锥体的展开划线 （3）难点：多面体的展开划线	10
			2）划线基准的选择		
			3）锥体的钣金组合件展开划线		
			4）多面体的钣金组合件展开划线		
	1–2 锯削、锉削、錾削加工	（1）油槽錾削加工	1）油槽錾刃磨	（1）方法：讲授法、演示法、练习法 （2）重点与难点：油槽錾削方法	6
			2）轴瓦油槽錾削		
		（2）钢件锯削加工	1）钢件锯削技术要求	（1）方法：讲授法、演示法、练习法、讨论法 （2）难点：提高锯削表面质量	8
			2）钢件锯削加工		
		（3）平面锉削加工	1）平面锉削技术要求	（1）方法：讲授法、演示法、练习法、讨论法 （2）难点：提高锉削表面质量	10
			2）平面锉削加工		

续表

模块	课程	学习单元	课程内容	培训建议	课堂学时
1．装配零件加工	1–3 孔加工和螺纹加工	(1) 钻孔加工	1) 手电钻操作	(1) 方法：讲授法、演示法、练习法、讨论法 (2) 重点：孔加工精度控制 (3) 难点：高速钻床操作，标准麻花钻修磨	20
			2) 高速钻床操作		
			3) 标准群钻种类与选用 ①群钻的结构特点 ②群钻的切削特点 ③标准群钻的选用		
			4) 标准麻花钻刃磨、修磨		
			5) 孔加工方法 ①小孔 ②深孔 ③盲孔 ④孔系 ⑤相交孔		
			5) 使用钻床进行孔加工		
		(2) 铰孔加工	1) 铰刀的切削特点和研磨方法	(1) 方法：讲授法、演示法、练习法 (2) 重点与难点：铰孔加工	4
			2) 铰孔加工		
		(3) 螺纹加工	1) 在盲孔上攻制螺纹	(1) 方法：讲授法、演示法、练习法 (2) 重点：螺纹加工 (3) 难点：磨损的丝锥修磨	10
			2) 攻制 M4 螺纹		
			3) 磨损的丝锥修磨		

续表

模块	课程	学习单元	课程内容	培训建议	课堂学时
1. 装配零件加工	1–4　刮削和研磨	（1）刮削加工	1）标准直尺、方尺、直角尺的使用与维护	（1）方法：讲授法、演示法、讨论法 （2）重点：平面刮削加工 （3）难点：圆弧面刮削加工	20
			2）机床导轨的种类和特点		
			3）机床导轨精度检验要求和检验方法		
			4）平板刮削		
			5）方箱刮削		
			6）燕尾形导轨刮削		
			7）轴瓦刮削		
		（2）轴孔研磨加工	1）圆柱体研磨研具使用 ①圆柱表面的研磨方法 ②圆柱表面研磨的研具	（1）方法：讲授法、演示法、练习法 （2）重点与难点：圆柱表面研磨加工	10
			2）轴孔的研磨		
2. 机械装配	2–1　零件黏结	（1）零件黏结	1）黏结剂的选用	（1）方法：讲授法、讨论法 （2）重点：零件黏结 （3）难点：被黏结物的表面处理	2
			2）黏结的接头形式确定		
			3）被黏结物的表面处理		
			4）零件的黏结		
	2–2　固定连接装配	（1）花键连接的装配与拆卸	1）花键连接的种类和应用	（1）方法：讲授法、演示法、练习法 （2）重点：花键连接的装配	4
			2）花键连接的装配		
			3）花键连接的拆卸		
		（2）圆锥销连接的定位安装	1）圆锥销连接的配钻、配铰	（1）方法：讲授法、演示法、练习法 （2）重点：圆锥销连接的装配 （3）难点：圆锥销连接的配钻、配铰	4
			2）圆锥销连接的定位安装		

续表

模块	课程	学习单元	课程内容	培训建议	课堂学时
2. 机械装配	2–3 传动机构装配	(1) 圆锥齿轮传动机构的装配与调整	1) 圆锥齿轮传动的特点和应用 2) 圆锥齿轮传动机构的装配 3) 圆锥齿轮传动机构的调整	(1) 方法：讲授法、讨论法 (2) 重点：圆锥齿轮传动机构装配 (3) 难点：圆锥齿轮传动机构调整	8
		(2) 蜗轮蜗杆传动机构的装配与调整	1) 蜗轮蜗杆传动机构传动的特点和应用 2) 蜗轮蜗杆传动机构的装配 3) 蜗轮蜗杆传动机构的调整	(1) 方法：讲授法、练习法、讨论法 (2) 重点与难点：蜗轮蜗杆传动机构传动装配	8
	2–4 轴承和轴组装配	(1) 滚动轴承的装配与调整	1) 滚动轴承的间隙 2) 滚动轴承的装配 3) 轴承和轴承组的装配间隙调整	(1) 方法：讲授法、演示法、练习法、讨论法 (2) 重点：滚动轴承装配 (3) 难点：滚动轴承间隙调整	8
		(2) 对开式滑动轴承的装配与调整	1) 对开式滑动轴承间隙 2) 对开式滑动轴承的装配 3) 对开式滑动轴承的装配间隙调整	(1) 方法：讲授法、演示法、练习法、讨论法 (2) 重点：对开式滑动轴承装配 (3) 难点：对开式滑动轴承间隙调整	8
		(3) 离合器的装配与调整	1) 常见离合器的种类和特点 2) 离合器的装配 3) 多片摩擦离合器间隙的调整	(1) 方法：讲授法、演示法、讨论法 (2) 重点：离合器装配 (3) 难点：离合器间隙调整	8

续表

模块	课程	学习单元	课程内容	培训建议	课堂学时
2. 机械装配	2-5 液压传动装配	(1) 普通液压元件的装配	1) 液压元件的特点和应用	(1) 方法：讲授法、演示法、练习法 (2) 重点与难点：普通液压元件装配	8
			2) 普通液压元件装配		
		(2) 齿轮泵、球阀及密封件的装配	1) 齿轮泵的装配	(1) 方法：讲授法、演示法、练习法 (2) 重点与难点：齿轮泵的安装	14
			2) 球阀的装配		
			3) 密封件的装配		
		(3) 液压辅件的安装	1) 液压辅件种类和应用	(1) 方法：讲授法、演示法、练习法 (2) 重点与难点：液压辅件的安装	2
			2) 液压辅件的安装		
	2-6 部件和整机装配	(1) 旋转体静平衡试验	1) 旋转体的平衡知识	(1) 方法：讲授法、练习法、案例教学法 (2) 重点与难点：静平衡试验的方法	6
			2) 静平衡试验的方法和步骤		
		(2) 通用机械设备整机装配	1) 装配尺寸链知识	(1) 方法：讲授法、练习法 (2) 重点与难点：各类通用机械设备整机装配	42
			2) 压缩机的整机装配		
			3) 气锤的整机装配		
			4) 压力机的整机装配		
			5) 木工机械的整机装配		
			6) 普通车床的整机装配		
			7) 普通铣床的整机装配		

续表

模块	课程	学习单元	课程内容	培训建议	课堂学时
3. 设备检验调试	3-1 精度检验	(1) 成套量块的使用与维护	1）成套量块的构成、应用及尺寸组合 2）量块的维护保养	(1) 方法：讲授法、演示法、练习法 (2) 重点与难点：量块的应用	2
		(2) 通用量具和专用量具校对调整	1）用标准量具校对和调整通用量具 2）用标准量具校对和调整专用量具	(1) 方法：讲授法、演示法、练习法 (2) 重点与难点：使用标准量具校对调整的方法	4
		(3) 使用标准量具测量精密尺寸	1）正弦规的结构和测量原理 2）精密尺寸的测量	(1) 方法：讲授法、演示法、练习法 (2) 重点：正弦规的使用 (3) 难点：精密尺寸的测量	6
	3-2 装配质量检验与分析	(1) 新装设备空运转试验	1）新装设备的特点 2）新装设备空运转试验	(1) 方法：讲授法、练习法 (2) 重点与难点：新装设备空运转试验	4
		(2) 使用常用量具对试件进行检验	1）试件检验的目的和项目 2）使用常用量具对试件进行检验	(1) 方法：讲授法、练习法 (2) 重点与难点：使用常用量具对试件进行检验	4
		(3) 光学仪器的使用	1）光学仪器的结构和工作原理 2）光学仪器的使用方法	(1) 方法：讲授法、练习法 (2) 重点：光学仪器的工作原理 (3) 难点：光学仪器的使用方法	2

续表

模块	课程	学习单元	课程内容	培训建议	课堂学时
3. 设备检验调试	3–2 装配质量检验与分析	(4) 使用光学仪器检验普通车床几何精度	1）普通车床质量检验的项目和方法	(1) 方法：讲授法、练习法 (2) 重点与难点：使用光学仪器检验普通车床几何精度	10
			2）普通车床几何精度检验		
			3）普通车床装配常见质量问题判断		
		(5) 使用光学仪器检验普通铣床几何精度	1）普通铣床质量检验的项目和方法	(1) 方法：讲授法、练习法 (2) 重点与难点：使用光学仪器检验普通铣床几何精度	10
			2）普通铣床几何精度检验		
			3）普通铣床装配常见质量问题判断		
	3–3 设备调试	(1) 普通机床设备的检查结果分析	1）光学仪器检验结果的分析方法	(1) 方法：讲授法、练习法 (2) 重点与难点：设备超差分析	8
			2）通用机床设备的检查结果分析 ①轴向窜动超差 ②径向跳动超差		
		(2) 通用机床整机调试	1）机械设备安装规程	(1) 方法：讲授法、练习法 (2) 重点与难点：普通机床的整机调试	20
			2）普通车床的整机调试		
			3）普通铣床的整机调试		
课堂学时合计					300

2.2.4 高级职业技能培训课程规范

模块	课程	学习单元	课程内容	培训建议	课堂学时
1. 装配零件加工	1-1 划线操作	(1) 复杂畸形零件的划线	1) 发动机曲轴划线 2) 曲柄连杆划线 3) 机架划线	(1) 方法：讲授法、演示法、练习法 (2) 重点与难点：划线尺寸的计算，复杂畸形零件的定位	16
		(2) 大型工件的立体划线	1) 大型工件的划线方法 2) 机床床身的立体划线 3) 机床齿轮箱的立体划线	(1) 方法：讲授法 (2) 重点与难点：确定划线基准	12
	1-2 锯削、锉削加工	(1) 钢件锯削加工	1) 提高锯削精度的方法 2) 钢件锯销加工	(1) 方法：讲授法、演示法、练习法 (2) 重点与难点：锯削时的及时找正	2
		(2) 平面锉削加工	1) 提高锉削精度和表面质量的方法 2) 平面锉削加工	(1) 方法：讲授法、演示法、练习法、讨论法 (2) 重点与难点：提高锉削精度的方法	4
		(3) 圆弧面锉削加工	1) 圆弧面用锉刀的种类及选择 2) 圆弧面锉削加工与修整	(1) 方法：讲授法、演示法、练习法、讨论法 (2) 重点与难点：圆弧面质量的检查	4

续表

模块	课程	学习单元	课程内容	培训建议	课堂学时
1. 装配零件加工	1-3　孔系加工	（1）高精度孔系加工	1）高精度孔系的特点 2）高精度孔系加工中提高划线精度的方法 3）高精度孔系加工	（1）方法：讲授法、演示法、练习法 （2）重点与难点：用量棒、校正销配合量块调整和控制孔距	12
		（2）标准群钻刃磨	1）标准群钻的结构和切削特点 2）标准群钻的刃磨	（1）方法：讲授法、演示法、练习法 （2）重点与难点：标准群钻的刃磨	4
		（3）其他群钻刃磨	1）其他群钻的分类和结构特点 2）不同群钻的刃磨	（1）方法：讲授法、演示法、练习法、讨论法 （2）重点：其他群钻的结构特点	4
	1-4　刮削和研磨	（1）刮削加工	1）保证刮削精度的措施 2）提高刮削精度的工艺方法 3）平面的刮削及检查 4）多瓦式动压滑动轴承的刮削及检查	（1）方法：讲授法、演示法、练习法 （2）重点与难点：刮削精度补偿方法，多瓦式动压滑动轴承的刮削工艺	12
		（2）圆弧面的研磨加工	1）影响圆弧面研磨精度的因素 2）提高圆弧面研磨精度的工艺方法 3）圆弧面研磨加工	（1）方法：讲授法、演示法、练习法、案例教学法 （2）重点与难点：精密圆柱孔的研磨工艺	6

续表

模块	课程	学习单元	课程内容	培训建议	课堂学时
2. 机械装配	2-1 固定连接装配	(1) 热胀法过盈连接装配	1) 热胀装配法的加热方式、特点及应用范围	(1) 方法：讲授法、练习法、案例教学法 (2) 重点与难点：工件加热温度计算	2
			2) 热胀法的装配工艺		
			3) 热胀法装配		
		(2) 冷缩法过盈连接装配	1) 冷缩法应用	(1) 方法：讲授法、练习法 (2) 重点与难点：工件冷缩温度的估算	2
			2) 冷缩法装配工艺		
			3) 冷缩法装配		
		(3) 液压套合法过盈连接装配	1) 液压套合法应用	(1) 方法：讲授法、演示法、练习法、案例教学法 (2) 重点与难点：液压套合法的装配工艺	2
			2) 液压套合法装配工艺		
			3) 液压套合法装配		
	2-2 传动机构装配	(1) 齿形链装配	1) 齿形链的传动特点和应用	(1) 方法：讲授法、演示法、练习法、案例教学法 (2) 重点与难点：齿形链传动的张紧	4
			2) 齿形链的技术参数		
			3) 齿形链的装配工艺		
			4) 齿形链的装配		
		(2) 齿形同步带装配	1) 齿形同步带的传动特点和应用	(1) 方法：讲授法、演示法、练习法、案例教学法 (2) 重点与难点：齿形同步带的装配	4
			2) 齿形同步带传动技术参数		
			3) 齿形同步带的装配		

续表

模块	课程	学习单元	课程内容	培训建议	课堂学时
2. 机械装配	2-3　轴承和轴组装配	（1）轴承与轴组的装配	1）间隙可调式滑动轴承装配与调整 2）自动调位多瓦式滑动轴承装配与调整 3）多瓦式滑动轴承装配与调整 4）短三瓦动压轴承装配与调整	（1）方法：讲授法、演示法、练习法、案例教学法 （2）重点与难点：轴承和轴承组的间隙调整方法	6
		（2）静压轴承装配	1）静压轴承的结构和工作原理 2）静压轴承的装配	（1）方法：讲授法、演示法、练习法、案例教学法 （2）重点与难点：静压轴承的结构与装配	4
	2-4　液压传动装配	（1）常用液压阀装配与调整	1）液压阀的种类和结构 2）液压阀的作用和工作原理 3）液压阀的装配 4）液压阀的调整	（1）方法：讲授法、演示法、案例教学法 （2）重点与难点：液压阀的装配	8
		（2）液压系统的整体连接安装与调试	1）压力控制回路 2）速度控制回路 3）顺序控制回路 4）方向控制回路和同步回路 5）液压系统的整体连接安装与调试	（1）方法：讲授法、演示法、案例教学法 （2）重点与难点：液压系统的整体连接安装调试	12
	2-5　部件和整机装配	（1）旋转体动平衡	1）动平衡的基本知识 2）动平衡机 3）旋转体动平衡试验	（1）方法：讲授法、演示法、练习法、案例教学法 （2）重点与难点：动平衡调整原理	6

续表

模块	课程	学习单元	课程内容	培训建议	课堂学时
2. 机械装配	2-5 部件和整机装配	(2) 机床主轴部件装配	1) 主轴部件的精度要求 2) 滚动轴承的定向装配工艺 3) 卧式镗床主轴部件装配调整	(1) 方法：讲授法、演示法、练习法、案例教学法 (2) 重点与难点：滚动轴承的定向装配	10
		(3) 精密机械设备部件装配	1) 外圆磨床部件装配 ①外圆磨床的结构和工作原理 ②外圆磨床的液压传动系统 ③外圆磨床横向进给机构装配 2) 内圆磨床部件装配 ①内圆磨床的结构和工作原理 ②内圆磨床液压系统的装配 3) 平面磨床部件装配 ①平面磨床的结构和工作原理 ②平面磨床床身的装配 4) 万能磨床部件装配 ①万能磨床的结构和工作原理 ②万能磨床床身的装配	(1) 方法：讲授法、演示法、练习法、案例教学法 (2) 重点与难点：磨床的液压传动系统	20
		(4) 精密机械设备整机装配	1) 外圆磨床的整机装配 2) 内圆磨床的整机装配 3) 平面磨床的整机装配 4) 万能外圆磨床的整机装配	(1) 方法：讲授法、演示法、练习法、案例教学法 (2) 重点与难点：整机装配的精度保证	18

续表

模块	课程	学习单元	课程内容	培训建议	课堂学时
3. 设备检验、调试	3-1 装配质量检验	（1）机床导轨精度检验	1）合像水平仪的原理和使用方法	（1）方法：讲授法、演示法、案例教学法 （2）重点与难点：合像水平仪、光学平直仪的使用方法	6
			2）使用合像水平仪检验导轨直线度		
			3）光学平直仪的原理和使用方法		
			4）使用光学平直仪检验导轨直线度		
		（2）激光干涉仪的使用	1）激光干涉仪的结构特点和测量原理	（1）方法：讲授法、演示法、案例教学法 （2）重点与难点：激光干涉仪的使用方法	2
			2）激光干涉仪的使用		
		（3）磨床整机精度检验	1）外圆磨床装配质量检验	（1）方法：讲授法、演示法、案例教学法 （2）重点与难点：整机装配精度检验方法	8
			2）内圆磨床装配质量检验		
			3）平面磨床装配质量检验		
			4）万能磨床装配质量检验		
	3-2 设备调试	（1）机械设备负荷试验中常见故障的分析与排除	1）影响设备安装精度的因素	（1）方法：讲授法、演示法、案例教学法 （2）重点与难点：设备找正常规测量与检查方法	8
			2）设备安装精度的控制方法		
			3）负荷试验中部件或系统装配质量问题分析与排除		

续表

模块	课程	学习单元	课程内容	培训建议	课堂学时
3．设备检验、调试	3–2　设备调试	（2）导轨和工作台的调试	1）精度超差调整方法 2）机床导轨调试 3）机床工作台调试	（1）方法：讲授法、演示法、案例教学法 （2）重点与难点：机床导轨的调试	10
		（3）精密机械设备精度超差的原因分析	1）精密机械设备常见几何精度超差原因分析 2）外圆磨床精度超差的原因分析 3）内圆磨床精度超差的原因分析 4）平面磨床精度超差的原因分析 5）万能磨床精度超差的原因分析	（1）方法：讲授法、演示法、案例教学法、练习法 （2）重点与难点：精密机械几何精度超差的原因	16
		（4）精密机械设备调试	1）外圆磨床的调试 2）内圆磨床的调试 3）平面磨床的调试 4）万能外圆磨床的调试	（1）方法：讲授法、演示法、案例教学法、练习法 （2）重点与难点：精密机械设备精度调整	16
课堂学时合计					240

2.2.5 技师职业技能培训课程规范

<table>
<tr><th>模块</th><th>课程</th><th>学习单元</th><th>课程内容</th><th>培训建议</th><th>课堂学时</th></tr>
<tr><td rowspan="14">1. 装配零件加工</td><td rowspan="6">1-1 刮削和研磨</td><td rowspan="2">（1）精密机床导轨刮削</td><td>1）精密机床导轨刮削工艺分析
①精密机床导轨的特点
②精密机床导轨的性能
③精密机床导轨的刮削方法</td><td rowspan="2">（1）方法：讲授法、演示法、练习法
（2）重点：精密机床导轨的刮削工艺
（3）难点：塑胶导轨的检测方法</td><td rowspan="2">14</td></tr>
<tr><td>2）机床塑胶导轨刮削</td></tr>
<tr><td rowspan="4">（2）孔的精研</td><td>1）精研的方法</td><td rowspan="4">（1）方法：讲授法、演示法、练习法
（2）重点：高精度研磨工艺
（3）难点：气门孔精研</td><td rowspan="4">10</td></tr>
<tr><td>2）高精度研磨工艺分析</td></tr>
<tr><td>3）研具制备知识</td></tr>
<tr><td>4）气门孔精研</td></tr>
<tr><td rowspan="10">1-2 孔系加工</td><td rowspan="3">（1）数控机床操作与编程</td><td>1）数控铣床的结构特点</td><td rowspan="3">（1）方法：讲授法、演示法、练习法
（2）重点：数控铣床面板操作
（3）难点：数控铣床手工编程</td><td rowspan="3">8</td></tr>
<tr><td>2）数控铣床面板操作</td></tr>
<tr><td>3）数控铣床手工编程</td></tr>
<tr><td rowspan="4">（2）高精度空间孔系加工</td><td>1）高精度空间孔系的特点</td><td rowspan="4">（1）方法：讲授法、演示法、练习法
（2）重点：高精度孔系的加工方法</td><td rowspan="4">16</td></tr>
<tr><td>2）高精度孔系加工中提高划线精度的方法</td></tr>
<tr><td>3）高精度孔系的加工方法</td></tr>
<tr><td>4）使用数控机床加工高精度孔系</td></tr>
<tr><td rowspan="3">（3）新型刀具选择</td><td>1）机床刀具材料</td><td rowspan="3">（1）方法：讲授法、演示法、练习法
（2）重点：先进刀具材料及其应用</td><td rowspan="3">4</td></tr>
<tr><td>2）机床刀具的特点</td></tr>
<tr><td>3）机床刀具选择</td></tr>
</table>

续表

模块	课程	学习单元	课程内容	培训建议	课堂学时
2. 机械装配	2-1 编制装配工艺	(1) 计算机辅助设计软件基本操作	1) CAD 软件基本操作 2) UG 软件基本操作	(1) 方法：讲授法、演示法、讨论法 (2) 重点：CAD 软件基本操作 (3) 难点：UG 软件的编程方法	4
		(2) 复杂设备装配图测绘	1) 装配图测绘方法 2) 复杂设备装配图测绘	(1) 方法：讲授法、演示法、练习法 (2) 重点：装配图测绘 (3) 难点：复杂设备测绘方法	8
		(3) 专用夹具设计	1) 夹具设计的基本方法 2) 专用夹具设计方案编制 3) 专用夹具设计草图绘制	(1) 方法：讲授法、演示法、练习法 (2) 重点：专用夹具设计的基本方法 (3) 难点：专用夹具设计草图绘制	12
		(4) 专用胎具设计	1) 胎具设计的基本方法 2) 专用胎具设计方案编制 3) 专用胎具设计草图绘制	(1) 方法：讲授法、演示法、练习法 (2) 重点：专用胎具设计的基本方法 (3) 难点：专用胎具设计草图绘制	12
		(5) 新产品装配工艺规程编制	1) 新技术、新工艺、新设备、新材料知识 2) 装配工艺规程编制的基本方法 3) 装配工艺规程的基本内容	(1) 方法：讲授法、演示法、练习法 (2) 重点：装配工艺规程编制方法 (3) 难点：新产品装配工艺规程的编制	6

续表

模块	课程	学习单元	课程内容	培训建议	课堂学时
2. 机械装配	2-1 编制装配工艺	(6) 加工中心装配工艺文件编制	1）加工中心装配工艺系统图 2）加工中心装配单元系统图 3）加工中心装配工序卡	(1) 方法：讲授法、演示法、练习法 (2) 重点：加工中心装配工艺 (3) 难点：加工中心装配工艺规程的编制	8
	2-2 高精数控设备装配	(1) 高速设备装配与调整	1）高速电机的装配与调整 2）高速设备中轴承的装与配调整 3）主轴的装配与调整	(1) 方法：讲授法、演示法、讨论法 (2) 重点：高速设备的装配与调整 (3) 难点：保证高速设备装配精度	12
		(2) 精密设备装配与调整	1）精密机床主轴导轨装配与调整 2）精密机床组合导轨装配与调整 3）精密机床床身装配与调整	(1) 方法：讲授法、演示法、讨论法 (2) 重点：精密机床的装配与调整	12
		(3) 大型复杂设备装配与调整	1）大型机床多段拼接床身的装配与调整 2）大型机床立柱的装配与调整	(1) 方法：讲授法、演示法、讨论法 (2) 重点：大型机械设备的装配与调整 (3) 难点：大型机床立柱的安装工艺	12
		(4) 数控机床装配与调整	1）加工中心的工作原理 2）加工中心的构造 3）加工中心装配的基本原则 4）加工中心的装配与调整	(1) 方法：讲授法、演示法、讨论法 (2) 重点：数控机床的装配与调整	12

续表

模块	课程	学习单元	课程内容	培训建议	课堂学时
3. 设备检验、调试	3-1 精度检验	(1) 运用激光扫描仪测量精密零件	1) 激光扫描仪的结构和工作原理 2) 运用激光扫描仪测量精密零件	(1) 方法：讲授法、演示法、练习法 (2) 重点：激光扫描仪的使用 (3) 难点：运用激光扫描仪测量精密零件	8
		(2) 运用三坐标测量仪测量精密零件	1) 三坐标测量仪的结构和工作原理 2) 运用三坐标测量仪测量精密零件	(1) 方法：讲授法、演示法、练习法 (2) 重点：三坐标测量仪的使用 (3) 难点：运用三坐标测量仪测量精密零件	8
		(3) 高精度设备试件形状尺寸不合格项的原因分析及消除	1) 高精度设备试件形状尺寸不合格项的原因分析 2) 高精度设备试件形状尺寸不合格项的消除	(1) 方法：讲授法、演示法、练习法 (2) 重点：试件形状尺寸不合格项的原因分析 (3) 难点：试件形状尺寸不合格项的消除方法	6
		(4) 高精度设备试件位置尺寸不合格项的原因分析及消除	1) 高精度设备试件位置尺寸不合格项的原因分析 2) 高精度设备试件位置尺寸不合格项消除	(1) 方法：讲授法、演示法、练习法 (2) 重点：试件位置尺寸不合格项的原因分析 (3) 难点：试件位置尺寸不合格项消除方法	6

续表

模块	课程	学习单元	课程内容	培训建议	课堂学时
3. 设备检验、调试	3–1 精度检验	(5) 高精度设备试件表面质量不合格项的原因分析及消除	1）高精度设备试件表面质量不合格项的原因分析	(1) 方法：讲授法、演示法、练习法 (2) 重点：试件表面质量不合格项的原因分析 (3) 难点：试件表面质量不合格项消除方法	6
			2）高精度设备试件表面质量不合格项的消除		
		(6) 高速、精密、复杂设备的几何精度检验	1）数控车床几何精度的检验	(1) 方法：讲授法、演示法、练习法 (2) 重点：精密测量仪器的使用 (3) 难点：几何精度的检验方法	12
			2）数控铣床几何精度的检验		
			3）加工中心几何精度的检验		
		(7) 高速、精密、复杂设备的几何精度检验超差原因分析	1）数控机床几何精度的检验标准	(1) 方法：讲授法、演示法、练习法 (2) 重点：几何精度的检验标准 (3) 难点：几何精度超差原因分析	4
			2）几何精度超差原因分析		
			3）提高设备精度的方法		
	3–2 设备调试	(1) 大型内燃机检测文件的编写与安装调试	1）大型机械设备的安装方法及注意事项	(1) 方法：讲授法、演示法、讨论法 (2) 重点：大型内燃机检测文件的编制 (3) 难点：大型内燃机的安装与调试运行	16
			2）大型内燃机的结构组成和工作原理		
			3）大型内燃机检测文件的编制		
			4）大型内燃机的安装		
			5）大型内燃机调试运行		

续表

模块	课程	学习单元	课程内容	培训建议	课堂学时
3. 设备检验、调试	3–2 设备调试	(2) 螺杆式压缩机检测文件的编写与安装调试	1) 螺杆式压缩机的结构组成和基本原理 2) 螺杆式压缩机检测文件的编制 3) 螺杆式压缩机的安装 4) 螺杆式压缩机调试运行	(1) 方法：讲授法、演示法、讨论法 (2) 重点：螺杆式压缩机检测文件的编制 (3) 难点：螺杆式压缩机的安装与调试运行	16
		(3) 大型自动化生产线检测文件的编写	1) 大型自动化生产线的功能特点和工艺流程 2) 大型自动化生产线的安装方法 3) 大型自动化生产线检测文件的编制	(1) 方法：讲授法、演示法、讨论法 (2) 重点：大型自动化生产线检测文件的编制	8
		(4) 大型自动化生产线的安装调试	1) 大型自动化生产线机械设备的安装与调试 2) 大型自动化生产线电气控制单元的安装与调试 3) 大型自动化生产线 PLC 控制单元的调试 4) 大型自动化生产线综合调试与试运行	(1) 方法：讲授法、演示法、讨论法 (2) 重点：大型自动化生产线 PLC 控制单元的调试 (3) 难点：大型自动化生产线综合调试运行	12
4. 培训与管理	4–1 培训	(1) 实操指导	1) 实操指导的目的、作用和基本方法 2) 实操指导的准备工作 3) 实操指导的效果评价和分析	(1) 方法：讲授法、演示法、讨论法 (2) 重点：实操指导 (3) 难点：实操指导的效果评价和分析方法	8

续表

模块	课程	学习单元	课程内容	培训建议	课堂学时
4. 培训与管理	4–1　培训	（2）编写培训计划、培训大纲	1）编写培训计划和培训大纲的意义 2）培训计划、培训大纲的基本要素及编写方法	（1）方法：讲授法、演示法、讨论法 （2）重点：培训计划、培训大纲的编写方法	8
		（3）编写作业指导书	1）编写作业指导书的意义 2）作业指导书的基本要素及编写方法	（1）方法：讲授法、演示法、讨论法 （2）重点：作业指导书的编写方法	8
	4–2　管理	（1）编制质量管理方案	1）质量管理标准介绍 2）质量分析与控制方法 3）质量管理方案编制及其应用	（1）方法：讲授法、演示法、讨论法 （2）重点：编制质量管理方案 （3）难点：质量管理与分析控制方法及其应用	8
		（2）撰写技术总结	1）编写技术总结的必要性 2）技术总结的基本要素及编写方法 3）撰写技术总结的总体评价	（1）方法：讲授法、演示法、讨论法 （2）重点：撰写技术总结 （3）难点：撰写技术总结的总体评价	8
		（3）班组产线管理	1）生产计划与调度 2）生产成本管理 3）生产绩效考评与工作总结	（1）方法：讲授法、演示法、讨论法 （2）重点：生产计划与调度 （3）难点：生产绩效考评	8
课堂学时合计					300

2.2.6 高级技师职业技能培训课程规范

模块	课程	学习单元	课程内容	培训建议	课堂学时
1. 装配零件加工	1–1 特种加工	（1）加工中心操作与编程	1）加工中心基本操作 ①加工中心面板操作 ②加工中心坐标系设定 ③加工中心综合加工	（1）方法：讲授法、案例教学法 （2）重点：加工中心数控编程 （3）难点：使用加工中心进行零件加工	16
			2）加工中心编程 ①加工中心程序编制基础 ②加工中心程序编制方法 ③加工中心常用编程指令		
			3）使用加工中心进行装配零件加工		
		（2）激光加工设备的操作与应用	1）激光加工设备的种类	（1）方法：讲授法 （2）重点：激光加工基本原理 （3）难点：激光加工参数调整	6
			2）激光加工的基本原理与方法		
			3）装配零件激光加工		
		（3）数控电火花线切割加工设备的操作与编程	1）数控电火花线切割机床操作 ①电火花线切割原理与基本操作 ②零件线切割的装夹 ③线切割参数的设置与加工	（1）方法：讲授法、案例教学法 （2）重点：CAD 软件使用，CAM 系统参数的使用 （3）难点：数控电火花线切割加工	10
			2）数控电火花线切割程序编制 ①3B 格式程序编制 ②线切割 CAD 软件的使用 ③线切割 CAM 软件的使用		
			3）装配零件电火花线切割加工		

续表

模块	课程	学习单元	课程内容	培训建议	课堂学时
1. 装配零件加工	1-2 刮削和研磨	（1）解决刮削和研磨过程中出现的疑难问题	1）刮研疑难问题的常用解决办法 ①正确使用校准工具 ②高精度刮削技巧 ③刮削精度补偿 2）解决细长工件刮削过程中出现的疑难问题 3）解决大表面积工件在研磨过程中平面度的问题 4）解决超薄工件在研磨过程中变形的问题	（1）方法：讲授法、案例教学法 （2）重点：复杂零件的刮削 （3）难点：刮削的精度补偿，研磨过程中平面度的保障，超薄工件在研磨过程中变形的消除	8
		（2）超精研磨	1）超精研磨技术 2）超精研磨精度测量 3）液压缸研磨	（1）方法：讲授法、案例教学法 （2）重点：超精密研磨技巧 （3）难点：超精密零件研磨质量的保障	8
2. 机械装配	2-1 编制装配工艺	（1）计算机三维软件应用	1）计算机辅助制造（CAM）软件基本操作 2）三维造型 3）实体造型 4）特征造型	（1）方法：讲授法、案例教学法 （2）重点：三维造型 （3）难点：特征实体造型	12
		（2）专用夹具设计	1）铣床零件分析 2）铣床夹具结构分析 3）铣床夹具设计 4）铣床夹具设计图绘制 ①零件图绘制 ②装配图绘制	（1）方法：讲授法、案例教学法 （2）重点：夹具设计基本原理 （3）难点：合理设计夹具，装配图绘制	8

续表

模块	课程	学习单元	课程内容	培训建议	课堂学时
2. 机械装配	2-1 编制装配工艺	(3) 专用胎具设计	1) 钻孔类零件分析 2) 钻床胎具结构分析 3) 钻床胎具设计 4) 钻床胎具设计图绘制 ①零件图绘制 ②装配图绘制	(1) 方法：讲授法、案例教学法 (2) 重点：胎具设计基本原理 (3) 难点：合理设计胎具，装配图绘制	8
		(4) 精密设备装配工艺文件编制	1) 数控坐标镗床装配图分析 2) 数控坐标镗床装配工艺路线制定 3) 数控坐标镗床装配工艺文件编制	(1) 方法：讲授法、案例教学法 (2) 重点：装配工艺文件编制 (3) 难点：装配工艺的合理性	6
		(5) 专用设备装配工艺文件编制	1) 数控齿轮磨床装配图分析 2) 数控齿轮磨床装配工艺路线制定 3) 数控齿轮磨床装配工艺文件编制	(1) 方法：讲授法、案例教学法 (2) 重点：装配图分析 (3) 难点：装配图工艺编制	6
	2-2 装配与调整	(1) 解决精密部件装配中出现的机械技术难题	1) 静压导轨的装配与调整 2) 塑料导轨的装配与调整 3) 滚珠丝杠副与支撑轴承的配合 4) 滚珠丝杠副的装配工艺 5) 影响机床主轴组件精度的因素 6) 提高主轴组件精度的措施	(1) 方法：讲授法、案例教学法 (2) 重点：影响机床主轴组件精度的因素 (3) 难点：提高主轴组件精度的措施	12

续表

模块	课程	学习单元	课程内容	培训建议	课堂学时
2. 机械装配	2-2 装配与调整	（2）解决高速、复杂设备装配中出现的机械技术难题	1）多轴数控机床的构成	（1）方法：讲授法、案例教学法 （2）重点：多轴数控机床定位精度的调整 （3）难点：反向间隙的确定与补偿	30
			2）多轴数控机床的装调过程		
			3）定位精度与反向间隙的调整		
			4）旋转轴定位精度与间隙调整		
			5）刀库的复位与刀具号的设定调整		
3. 设备检验、调试	3-1 设备性能及精度检验	（1）零件探伤	1）探伤的基本知识	（1）方法：讲授法、案例教学法 （2）重点：超声波探伤 （3）难点：X光射线探伤	4
			2）X光射线探伤		
			3）超声波探伤		
			4）磁粉探伤		
			5）渗透探伤		
			6）涡流探伤		
			7）R射线探伤		
			8）荧光探伤		
		（2）材料分析	1）材料金相分析	（1）方法：讲授法、案例教学法 （2）重点：材料金相分析 （3）难点：材料光谱分析	4
			2）材料光谱分析		
			3）材料化学成分析		

续表

模块	课程	学习单元	课程内容	培训建议	课堂学时
3. 设备检验、调试	3–2　设备调试	(1) 解决高速、精密、复杂设备在试验中出现的振动问题	1）振动的特性 2）旋转机械的振动标准 3）振动的规律 4）旋转机械的振动检测 5）振动排除方法	(1) 方法：讲授法、案例教学法 (2) 重点：旋转机械的振动标准 (3) 难点：振动的测量与排除	8
3. 设备检验、调试	3–2　设备调试	(2) 解决高速、精密、复杂设备在试验中出现的变形问题	1）变形的种类 2）变形的原因 3）减少变形的方法	(1) 方法：讲授法、案例教学法 (2) 重点：变形的原因 (3) 难点：减少变形的方法	6
3. 设备检验、调试	3–2　设备调试	(3) 解决高速、精密、复杂设备在试验中出现的噪声问题	1）噪声的基本知识 2）噪声的测量 3）降低噪声的方法	(1) 方法：讲授法、案例教学法 (2) 重点：噪声的测量 (3) 难点：降低噪声的途径	6
4. 培训管理	4–1　培训	(1) 指导万能分度头划线应用与装配作业操作	1）作业指导准备 2）作业指导过程 3）作业质量检验和指导评价	(1) 方法：讲授法、案例教学法 (2) 重点：作业指导过程 (3) 难点：作业质量检验和指导评价	4
4. 培训管理	4–1　培训	(2) 指导典型铣床主轴、工作台装配调整作业操作	1）作业指导准备 2）作业指导步骤 3）作业质量检验和指导评价	(1) 方法：讲授法、案例教学法 (2) 重点：装配调整作业步骤 (3) 难点：作业质量检测	4

续表

模块	课程	学习单元	课程内容	培训建议	课堂学时
4. 培训管理	4–1 培训	(3) 指导机床床身精度检测作业操作	1）作业指导准备 2）作业指导过程 3）作业质量检验和指导评价	(1) 方法：讲授法、案例教学法 (2) 重点：机床床身精度检测 (3) 难点：机床床身精度检测作业指导评价	4
		(4) 编写作业指导讲义	1）作业指导讲义的内容和编写方法 2）机床设备安装、调试作业指导讲义编写 3）机床床身精度检测作业指导讲义编写	(1) 方法：讲授法、案例教学法 (2) 重点：作业指导讲义编写的基本方法 (3) 难点：编制培训讲义	6
	4–2 管理	(1) 生产管理	1）生产计划编制 2）调度计划编制 3）人员管理方案编制	(1) 方法：讲授法、案例教学法 (2) 重点：人员管理计划编制 (3) 难点：生产计划与调度计划编制	16
		(2) 工程计划核算	1）人工成本核算 2）物料成本核算 3）设备费用核算 4）其他费用核算 5）不可预见费用核算	(1) 方法：讲授法、案例教学法 (2) 重点：人工成本核算	8
课堂学时合计					200

2.2.7 培训建议中培训方法说明

1．讲授法

讲授法指培训教师主要运用语言方式，系统地向培训学员传授知识，传播思想观念。即教师通过叙述、描绘、解释、推论来传递信息、传授知识、阐明概念、论证定律和公式，引导学员分析和认识问题。

2．讨论法

讨论法指在教师的指导下，学员以班级或小组为单位，围绕学习单元的内容，对某一专题进行深入探讨，通过讨论或辩论活动，从而获得知识或巩固知识的一种教学方法，要求教师在讨论结束时需对讨论的主题做归纳性总结。

3．实训（练习）法

练习法指学员在教师的指导，依靠自觉地控制与校正、反复地完成一定动作或活动的方式，以形成技能、技巧或行为习惯的教学方法。练习法对于巩固知识、引导培训学员把知识应用于实际，形成道德品质等具有重要作用。

4．参观法

参观法指教师组织或指导学员进行实地观察、调查、研究和学习，从而获得新知识或巩固已学知识的教学方法。参观教学法可细分为准备性参观、并行性参观、总结性参观等。

5．演示法

演示法指在教学过程中，教师通过示范操作和讲解使学员获得知识、技能的教学方法。教学中，教师对操作内容进行现场演示，边操作边讲解，强调操作的关键步骤和注意事项，使学员边学边做，理论与技能并重，师生互动，提高学生的学习兴趣和学习效率。

6．案例教学法

案例教学法指对通过案例进行分析，提出问题，分析问题，并找到解决问题的途径和手段，培养学员分析问题、独立处理问题的能力。

7．项目教学法

项目教学法指以实际应用为目的，将理论知识与实际工作相结合，通过师生共同完成一个完整的项目工作，使学员获得知识和实践操作能力与解决实际问题能力的教学方法。其实施以小组为学习单位，步骤一般分为确定项目任务、计划、决策、实施、检查和评价 6 个步骤。强调学员在学习过程中的主体地位，以学员为中心，以学员学习为主、教师指导为辅，通过完成教学项目，激发学员的学习积极性，使学员既掌握相关理论知识，又掌握实践技能和工作方法，提高解决实际问题的综合能力。

8．实物示教法

实物示教法指教师通过实物的操作演示或对培训学员实物操作演示的评价，实现对学员技能操作步骤和要领掌握情况的检查、纠错、修正，并演示正确的操作方法的一种教学方法。

9．观摩法

观摩法指培训学员通过现场观摩、观看视频等形式，学习、获取知识、技能的一种教学方法。

2.3 考核规范

2.3.1 职业基本素质培训考核规范

考核范围	考核比重（%）	考核内容	考核比重（%）	考核单元
1．职业道德	5	1-1　职业认知	1	（1）装配钳工的工作内容
		1-2　职业道德基本知识	2	（1）职业道德基本知识
		1-3　职业守则	2	（1）职业守则
2．专业基础理论知识	20	2-1　机械识图	4	（1）机械识图与制图基础知识
		2-2　公差配合与测量知识	4	（1）公差配合与测量知识
				（2）测量与标注知识
		2-3　常用金属材料及热处理知识	3	（1）金属材料的性能
				（2）常用钢材的性能及热处理方法
				（3）常用有色金属的性能及热处理方法
		2-4　常用非金属材料知识	3	（1）常用非金属材料知识

续表

考核范围	考核比重（%）	考核内容	考核比重（%）	考核单元
2．专业基础理论知识	20	2-5　力学常识	3	（1）常用力学知识
		2-6　液压及气动知识	3	（1）液压基本知识
				（2）气动基本知识
3．机械加工基础知识	20	3-1　机械传动知识	3	（1）机械传动基础知识
				（2）简单机械零件
		3-2　机械加工常用设备的分类、用途	3	（1）机械加工常用设备的分类、用途
		3-3　金属切削原理和常用刀具知识	3	（1）金属切削原理
				（2）常用刀具知识
		3-4　典型零件（主轴、箱体、齿轮等）的加工工艺	4	（1）主轴加工工艺
				（2）箱体加工工艺
				（3）直齿圆柱齿轮加工工艺
		3-5　设备润滑及切削液的基础知识	3	（1）设备润滑基础知识
				（2）切削液基础知识
		3-6　工具、刀具、量具和量具的使用与维护知识	4	（1）常用工具的种类、使用与维护
				（2）常用刀具的种类、使用与维护
				（3）常用夹具的种类、使用与维护
				（4）常用量具的种类、使用与维护
4．钳工工艺知识	20	4-1　划线知识	5	（1）划线知识
		4-2　錾、锉、锯、钻孔、铰孔、攻螺纹、套螺纹、刮研等钳工操作相关知识	15	（1）錾削、锉削、锯削操作知识
				（2）孔加工知识
				（3）螺纹加工知识
				（4）刮研操作知识

续表

考核范围	考核比重（%）	考核内容	考核比重（%）	考核单元
5．电工知识	10	5-1　通用设备和常用电器的种类及用途	4	（1）通用电器元件
				（2）常用仪表的使用
		5-2　电力拖动及控制原理基础知识	4	（1）典型基本电气控制电路
				（2）典型机床电气控制电路
		5-3　安全用电知识	2	（1）安全用电常识
6．安全文明生产与环境保护知识	10	6-1　现场文明生产要求	3	（1）现场文明生产要求
		6-2　安全操作与劳动保护知识	4	（1）安全操作与劳动保护知识
		6-3　环境保护知识	3	（1）环境保护知识
7．质量管理知识	10	7-1　企业的质量方针	2	（1）企业的质量方针
		7-2　岗位的质量要求	3	（1）质量管理的工作内容
		7-3　岗位的质量保证措施与责任	5	（1）生产过程中的质量管理
8．相关法律、法规知识	5	8-1　相关法律、法规知识	5	（1）劳动法相关知识
				（2）劳动合同法相关知识

2.3.2 初级职业技能培训理论知识考核规范

考核范围	考核比重（%）	考核内容	考核比重（%）	考核单元
1. 装配零件加工	35	1-1 划线操作	5	(1) 零件的平面划线
				(2) 零件的立体划线
				(3) 分度头的使用
				(4) 钣金件的划线
		1-2 锯削、锉削、錾削加工	10	(1) 錾削加工
				(2) 锯削加工
				(3) 锉削加工
		1-3 孔加工和螺纹加工	10	(1) 孔加工
				(2) 螺纹加工
		1-4 刮削和研磨	10	(1) 刮削加工
				(2) 研磨加工
2. 机械装配	45	2-1 零件清洗与防护	5	(1) 零件清洗与防护方法和流程
		2-2 固定连接装配	5	(1) 螺纹连接的装配与拆装
				(2) 键连接的装配与拆装
				(3) 销连接的装配与拆卸
		2-3 传动机构装配	10	(1) 带轮和带传动的装配与拆卸
				(2) 链传动的装配
				(3) 圆柱齿轮传动机构的装配
				(4) 螺旋传动机构的装配
		2-4 轴承和轴组装配	10	(1) 0级滚动轴承的装配
				(2) 整体式滑动轴承的装配
				(3) 轴承的润滑部分和密封件装配
		2-5 液压传动装配	10	(1) 液压管接头拆装
				(2) 金属管的扩口与装配

续表

考核范围	考核比重（%）	考核内容	考核比重（%）	考核单元
2．机械装配	45	2-6　部件和整机装配	5	（1）普通机床部件装配
				（2）通用机械总装
3．设备检验、调试	20	3-1　精度检验	5	（1）使用通用量具检测产品
				（2）使用专用量具检验产品
		3-2　装配质量检验	10	（1）机械装配质量检验
				（2）设备空运转试验流程和方法
		3-3　设备安装和调试	5	（1）机械设备安装与调试知识

2.3.3　初级职业技能培训操作技能考核规范

考核范围	考核比重（%）	考核内容	考核比重（%）	考核形式	选考方式	考核时间（分钟）	重要程度
1．装配零件加工	35	1-1　划线操作	15	口试＋实操	必考	10	X
		1-2　锯削、锉削、錾削加工	20	实操	必考	60	X
2．机械装配	50	2-1　零件清洗与防护	5	口试＋实操	选考	10	Y
		2-2　固定连接装配	5	口试＋实操	选考	10	Y
		2-3　传动机构装配	10	实操	必考	20	X
		2-4　轴承和轴组装配	10	实操	必考	20	X
		2-5　液压传动装配	10	实操	选考	20	Z
		2-6　部件和整机装配	10	口试＋实操	选考	20	Z
3．设备检验、调试	15	3-1　精度检验	5	实操	必考	20	X
		3-2　装配质量检验	5	实操	必考	20	X
		3-3　设备安装和调试	5	口试＋实操	选考	20	Y

2.3.4 中级职业技能培训理论知识考核规范

考核范围	考核比重（%）	考核内容	考核比重（%）	考核单元
1．装配零件加工	35	1-1 划线操作	5	（1）较大型工件及形状较复杂工件的立体划线方法
				（2）有相贯线的钣金组合件的展开划线方法
		1-2 锯削、锉削、錾削加工	10	（1）油槽錾削加工
				（2）钢件锯削加工
				（3）平面锉削加工
		1-3 孔加工和螺纹加工	10	（1）钻孔加工
				（2）铰孔加工
				（3）螺纹加工
		1-4 刮削和研磨	10	（1）平板、方箱、燕尾形导轨和轴瓦的刮削加工
				（2）圆柱表面研磨方法和研具
2．机械装配	40	2-1 零件黏结	5	（1）零件黏结
		2-2 固定连接装配	5	（1）花键连接的装配与拆卸
				（2）圆锥销连接的定位安装
		2-3 传动机构装配	5	（1）圆锥齿轮传动机构的装配与调整
				（2）蜗轮蜗杆传动机构的装配与调整
		2-4 轴承和轴组装配	5	（1）滚动轴承的装配与调整
				（2）对开式滑动轴承的装配与调整
				（3）离合器的装配与调整
		2-5 液压传动装配	10	（1）普通液压元件的装配
				（2）齿轮泵、球阀及密封件的装配
				（3）液压辅件的安装
		2-6 部件和整机装配	10	（1）静平衡试验知识
				（2）通用机械设备整机装配

续表

考核范围	考核比重（%）	考核内容	考核比重（%）	考核单元
3．设备检验、调试	25	3–1　精度检验	5	（1）通用量具和专用量具校调
				（2）使用标准量具测量精密尺寸
		3–2　装配质量检验与分析	10	（1）新装设备空运转试验
				（2）使用常用量具对试件进行检验
				（3）光学仪器的原理与使用
				（4）使用光学仪器检验普通机床几何精度
		3–3　设备调试	10	（1）普通机床设备的检查结果分析
				（2）通用机床整机调试

2.3.5　中级职业技能培训操作技能考核规范

考核范围	考核比重（%）	考核内容	考核比重（%）	考核形式	选考方式	考核时间（分钟）	重要程度
1．装配零件加工	35	1–1　划线操作	5	实操	必考	10	X
		1–2　锯削、锉削、錾削加工	10	实操	必考	240	X
		1–3　孔加工和螺纹加工	10	实操	必考	30	X
		1–4　刮削和研磨	10	实操	必考	120	X
2．机械装配	50	2–1　零件黏结	5	笔试＋口试	选考	10	Y
		2–2　固定连接装配	5	实操	必考	60	Y
		2–3　传动机构装配	10	实操	必考	60	Y
		2–4　轴承和轴组装配	10	实操	必考	30	Y
		2–5　液压传动装配	10	实操	必考	60	Y
		2–6　部件和整机装配	10	实操	选考	60	Y

续表

考核范围	考核比重（%）	考核内容	考核比重（%）	考核形式	选考方式	考核时间（分钟）	重要程度
3．设备检验、调试	15	3-1　精度检验	5	笔试＋口试	必考	45	Z
		3-2　装配质量检验与分析	5	笔试＋口试	必考	45	Z
		3-3　设备调试	5	笔试＋口试	选考	45	Z

2.3.6　高级职业技能培训理论知识考核规范

考核范围	考核比重（%）	考核内容	考核比重（%）	考核单元
1．装配零件加工	35	1-1　划线操作	10	（1）复杂畸形零件的划线方法
				（2）大型工件的立体划线方法
		1-2　锯削、锉削加工	5	（1）钢件锯削加工
				（2）平面锉削加工
				（3）圆弧面锉削加工
		1-3　孔系加工	10	（1）高精度孔系加工知识
				（2）群钻的刃磨方法
		1-4　刮削好研磨	10	（1）提高刮研精度的方法
				（2）超精密表面的检测方法
2．机械装配	40	2-1　固定连接装配	6	（1）热胀法过盈连接装配
				（2）冷缩法过盈连接装配
				（3）液压套合法过盈连接装配
		2-2　传动机构装配	6	（1）齿形链装配
				（2）齿形同步带装配
		2-3　轴承和轴组装配	8	（1）轴承与轴组的装配
				（2）静压轴承装配
		2-4　液压传动装配	10	（1）常用液压阀装配与调整
				（2）液压系统的整体连接安装与调试

续表

考核范围	考核比重（%）	考核内容	考核比重（%）	考核单元
2．机械装配	40	2-5 部件和整机装配	10	（1）旋转体动平衡知识
				（2）机床主轴部件装配
				（3）精密机械设备部件装配
				（4）精密机械设备整机装配
3．设备检验、调试	25	3-1 装配质量检验	10	（1）机床导轨精度检验
				（2）激光干涉仪的使用
				（3）磨床整机精度检验
		3-2 设备调试	15	（1）机械设备负荷试验中常见故障的分析与排除
				（2）导轨和工作台的调试
				（3）精密机械设备精度超差的原因分析
				（4）精密机械设备调试

2.3.7 高级职业技能培训操作技能考核规范

考核范围	考核比重（%）	考核内容	考核比重（%）	考核形式	选考方式	考核时间（分钟）	重要程度
1．装配零件加工	30	1-1 划线操作	5	实操	选考	20	Y
		1-2 锯削、锉削加工	5	实操	选考	240	Y
		1-3 孔系加工	10	实操	选考	60	Y
		1-4 刮削和研磨	10	实操	选考	120	Y

续表

考核范围	考核比重(%)	考核内容	考核比重(%)	考核形式	选考方式	考核时间(分钟)	重要程度
2．机械装配	50	2-1　固定连接装配	10	实操	必考	90	X
		2-2　传动机构装配	10	实操	必考	90	X
		2-3　轴承和轴组装配	10	实操	必考	30	X
		2-4　液压传动装配	10	实操	必考	60	X
		2-5　部件和整机装配	10	实操	必考	120	X
3．设备检验、调试	20	3-1　装配质量检验	10	实操	选考	60	X
		3-2　设备调试	10	实操	选考	60	X

2.3.8　技师职业技能培训理论知识考核规范

考核范围	考核比重(%)	考核内容	考核比重(%)	考核单元
1．装配零件加工	30	1-1　刮削和研磨	15	(1) 精密机床导轨刮削
				(2) 孔的精研方法
		1-2　孔系加工	15	(1) 数控机床操作与编程
				(2) 高精度空间孔系加工方法
				(3) 新型刀具选择
2．机械装配	35	2-1　编制装配工艺	15	(1) 计算机辅助设计软件基本操作
				(2) 复杂设备装配图测绘方法
				(3) 专用夹具设计知识
				(4) 专用胎具设计知识
				(5) 新产品装配工艺规程编制
				(6) 加工中心装配工艺文件编制
		2-2　高精数控设备装配	20	(1) 高速、精密、大型复杂设备装配与调整
				(2) 数控机床装配与调整

续表

考核范围	考核比重（%）	考核内容	考核比重（%）	考核单元
3．设备检验、调试	20	3-1　精度检验	10	（1）运用激光扫描仪测量精密零件
				（2）运用三坐标测量仪测量精密零件
				（3）高精度设备试件形状尺寸、位置尺寸、表面质量不合格项的原因分析及消除
				（4）高速、精密、复杂设备的几何精度检验
				（5）高速、精密、复杂设备的几何精度检验超差原因分析
		3-2　设备调试	10	（1）大型内燃机检测文件的编写与安装调试
				（2）螺杆式压缩机检测文件的编写与安装调试
				（3）大型自动化生产线检测文件的编写与安装调试
4．培训与管理	15	4-1　培训	10	（1）实操指导的内容和方法
				（2）培训计划、培训大纲的编写原则和方法
				（3）作业指导书编写内容和方法
		4-2　管理	5	（1）质量管理方案编制方法
				（2）技术总结的内容及撰写方法
				（3）班组产线管理常识

2.3.9 技师职业技能培训操作技能考核规范

考核范围	考核比重（%）	考核内容	考核比重（%）	考核形式	选考方式	考核时间（分钟）	重要程度
1. 装配零件加工	20	1-1 刮削和研磨	10	实操	选考	120	Y
		1-2 孔系加工	10	实操	选考	120	Y
2. 机械装配	50	2-1 编制装配工艺	25	笔试	必考	60	X
		2-2 高精数控设备装配	25	实操	必考	180	X
3. 设备检验、调试	20	3-1 精度检验	10	实操	必考	60	X
		3-2 设备调试	10	实操	必考	120	X
4. 培训与管理	10	4-1 培训	5	口试 + 笔试	选考	90	Y
		4-2 管理	5	口试 + 笔试	选考	90	Y

2.3.10 高级技师职业技能培训理论知识考核规范

考核范围	考核比重（%）	考核内容	考核比重（%）	考核单元
1. 装配零件加工	30	1-1 特种加工	20	(1) 加工中心操作与编程
				(2) 激光加工设备的操作与应用
				(3) 数控电火花线切割加工设备的操作与编程
		1-2 刮削和研磨	10	(1) 刮削和研磨过程中出现的疑难问题及其解决方法
				(2) 超精研磨

续表

考核范围	考核比重（%）	考核内容	考核比重（%）	考核单元
2．机械装配	40	2-1　编制装配工艺	15	（1）计算机三维软件应用
				（2）专用夹具设计知识
				（3）专用胎具设计知识
				（1）精密设备装配工艺文件编制
				（2）专用设备装配工艺文件编制
		2-2　装配与调整	25	（1）精密部件装配中出现的机械技术难题及其解决方法
				（2）高速、复杂设备装配中出现的机械技术难题及其解决方法
3．设备检验、调试	15	3-1　设备性能及精度检验	5	（1）零件探伤
				（2）材料分析
		3-2　设备调试	10	（1）高速、精密、复杂设备在试验中出现的振动、变形、噪声等疑难问题的解决方法
4．培训管理	15	4-1　培训	10	（1）指导作业操作的方法和步骤
				（2）作业指导讲义编写内容和方法
		4-2　管理	5	（1）生产管理知识
				（1）工程计划核算知识

2.3.11 高级技师职业技能培训操作技能考核规范

考核范围	考核比重（%）	考核内容	考核比重（%）	考核形式	选考方式	考核时间（分钟）	重要程度
1．装配零件加工	20	1-1 特种加工	10	实操	必考	240	Y
		1-2 刮削和研磨	10	实操	必考	120	Y
2．机械装配	50	2-1 编制装配工艺	25	笔试	必考	60	X
		2-2 装配与调整	25	实操	必考	120	Y
3．设备检验、调试	20	3-1 设备调试	10	实操	选考	120	Y
		3-2 质量检验	10	实操	必考	60	Y
4．培训与管理	10	4-1 培训	5	口试＋笔试	必考	90	X
		4-2 管理	5	口试＋笔试	必考	90	X

附录

培训要求与课程规范对照表

附录 1　职业基本素质培训要求与课程规范对照表

2.1.1　职业基本素质培训要求			2.2.1　职业基本素质培训课程规范			
职业基本素质模块（模块）	培训内容（课程）	培训细目	学习单元	课程内容	培训建议	课堂学时
1. 职业道德	1-1　职业认知	（1）装配钳工简介 （2）装配钳工的工作内容	（1）职业认知	1）装配钳工的工作内容 2）钳加工的发展 3）装配钳工职业资格要求	（1）方法：讲授法 （2）重点与难点：装配钳工的工作内容	1
	1-2　职业道德基本知识	（1）“四德”建设的主要内容 （2）社会主义核心价值观 （3）职业道德修养 （4）装配钳工职业道德规范	（1）道德与职业道德	1）道德 ①道德的含义 ②维持道德的依据 ③公民的道德规范 ④社会主义核心价值观 2）职业道德 ①职业道德的特征 ②社会主义市场经济与职业道德的发展 ③职业道德与个人的发展 ④职业道德与企业的发展 ⑤装配钳工职业道德基本要求	（1）方法：讲授法、案例教学法 （2）重点与难点：装配钳工职业道德的养成	1
	1-3　职业守则	（1）装配钳工职业守则	（1）装配钳工职业守则	1）遵守法律、法规和有关规定 2）爱岗敬业，具有高度的责任心 3）严格执行工作程序、工作规范、工艺文件和安全操作规程 4）工作认真负责，团结合作 5）爱护设备、工具、夹具、刀具、量具 6）着装整洁，符合规定；保持工作环境清洁有序，文明生产	（1）方法：讲授法、案例教学法 （2）重点与难点：装配钳工职业守则的严格遵守	1

续表

<table>
<tr><th colspan="3">2.1.1 职业基本素质培训要求</th><th colspan="4">2.2.1 职业基本素质培训课程规范</th></tr>
<tr><th>职业基本素质模块（模块）</th><th>培训内容（课程）</th><th>培训细目</th><th>学习单元</th><th>课程内容</th><th>培训建议</th><th>课堂学时</th></tr>
<tr><td rowspan="14">2．专业基础理论知识</td><td rowspan="2">2-1 机械识图</td><td rowspan="2">（1）机械识图与制图基础知识</td><td rowspan="2">（1）识图与制图基础知识</td><td>1）识图知识
①投影原理及三视图
②基本体的三视图
③机械图样常用的视图表达方式
④零件图
⑤装配图</td><td rowspan="2">（1）方法：讲授法、练习法、演示法
（2）重点与难点：机械图样的绘制</td><td rowspan="2">18</td></tr>
<tr><td>2）制图知识
①测绘工具的使用
②绘图的步骤与方法</td></tr>
<tr><td rowspan="7">2-2 公差配合与测量知识</td><td rowspan="7">（1）公差与配合知识
（2）测量知识
（3）尺寸标注</td><td rowspan="4">（1）公差与配合基础知识</td><td>1）公差与配合的基本知识
①公差与配合基本术语
②公差与配合分类</td><td rowspan="4">（1）方法：讲授法、练习法、演示法
（2）重点：几何公差的识读
（3）难点：几何公差的意义</td><td rowspan="4">6</td></tr>
<tr><td>2）尺寸公差</td></tr>
<tr><td>3）几何公差</td></tr>
<tr><td>4）表面粗糙度</td></tr>
<tr><td rowspan="3">（2）测量与标注知识</td><td>1）测量知识</td><td rowspan="3">（1）方法：讲授法、练习法、演示法
（2）重点与难点：图纸各类尺寸的标注</td><td rowspan="3">4</td></tr>
<tr><td>2）零件图的标注</td></tr>
<tr><td>3）装配图的标注</td></tr>
<tr><td rowspan="5">2-3 常用金属材料及热处理知识</td><td rowspan="5">（1）金属材料的性能
（2）常用钢材的性能及热处理方法
（3）常用有色金属的性能及热处理方法</td><td rowspan="3">（1）金属材料的性能</td><td>1）力学性能</td><td rowspan="3">（1）方法：讲授法、练习法、讨论法
（2）重点：金属材料的工艺性能
（3）难点：金属材料的力学性能</td><td rowspan="3">4</td></tr>
<tr><td>2）物理化学性能</td></tr>
<tr><td>3）工艺性能</td></tr>
<tr><td rowspan="2">（2）常用钢铁材料</td><td>1）钢的分类与牌号</td><td rowspan="2">（1）方法：讲授法、练习法、讨论法
（2）重点：钢的牌号
（3）难点：钢铁材料的选择</td><td rowspan="2">2</td></tr>
<tr><td>2）常用钢铁材料的性能
①碳素钢
②合金钢
③铸铁</td></tr>
</table>

续表

2.1.1 职业基本素质培训要求			2.2.1 职业基本素质培训课程规范			
职业基本素质模块（模块）	培训内容（课程）	培训细目	学习单元	课程内容	培训建议	课堂学时
2. 专业基础理论知识	2-3 常用金属材料及热处理知识	(1) 金属材料的性能 (2) 常用钢材的性能及热处理方法 (3) 常用有色金属的性能及热处理方法	(3) 钢铁材料的热处理	1）钢铁材料的热处理 ①普通热处理 ②表面热处理 ③时效处理	(1) 方法：讲授法、练习法、讨论法 (2) 重点：热处理方法 (3) 难点：合理选择热处理的方法	2
			(4) 常用有色金属的性能及热处理	1）铝及合金	(1) 方法：讲授法、练习法、讨论法 (2) 重点：合金的性质 (3) 难点：有色金属的选择	2
				2）铜及铜合金		
	2-4 常用非金属材料知识	(1) 常用非金属材料知识	(1) 常用非金属工程材料	1）工程塑料	(1) 方法：讲授法、练习法、讨论法 (2) 重点：非金属材料的性能 (3) 难点：非金属材料的选择	2
				2）橡胶		
	2-5 力学常识	(1) 常用力学知识	(1) 常用力学知识	1）强度	(1) 方法：讲授法、练习法、讨论法 (2) 重点与难点：力学性能	2
				2）塑性		
				3）硬度		
				4）冲击韧性		
				5）疲劳强度		
	2-6 液压及气动知识	(1) 液压基本知识 (2) 气动基本知识	(1) 液压基本知识	1）液压传动基本原理 ①液压传动工作原理和特点 ②液压油的性质和选用	(1) 方法：讲授法、练习法、讨论法 (2) 重点与难点：典型液压元器件	4
				2）液压传动的元器件 ①动力原件 ②执行元件 ③控制元件 ④辅助元件		
				3）基本液压回路		

续表

<table>
<tr><th colspan="3">2.1.1 职业基本素质培训要求</th><th colspan="4">2.2.1 职业基本素质培训课程规范</th></tr>
<tr><th>职业基本素质模块（模块）</th><th>培训内容（课程）</th><th>培训细目</th><th>学习单元</th><th>课程内容</th><th>培训建议</th><th>课堂学时</th></tr>
<tr><td rowspan="3">2. 专业基础理论知识</td><td rowspan="3">2-6 液压及气动知识</td><td rowspan="3">（1）液压基本知识
（2）气动基本知识</td><td rowspan="3">（2）气动基本知识</td><td>1）气动基本原理
①气压传动工作原理
②气压传动的特点</td><td rowspan="3">（1）方法：讲授法、练习法、讨论法
（2）重点与难点：典型气动回路</td><td rowspan="3">4</td></tr>
<tr><td>2）气动元器件
①气源及辅助元件
②压力控制阀
③方向控制阀</td></tr>
<tr><td>3）基本气动回路</td></tr>
<tr><td rowspan="7">3. 机械加工基础知识</td><td rowspan="7">3-1 机械传动知识</td><td rowspan="7">（1）机械传动基础知识
（2）简单机械零件</td><td rowspan="4">（1）机械传动基础知识</td><td>1）带传动
①带传动的工作原理
②带传动的组成
③带传动的特点
④带传动的类型
⑤带传动的应用</td><td rowspan="4">（1）方法：讲授法、练习法、讨论法
（2）重点与难点：机械传动方式的选择</td><td rowspan="4">12</td></tr>
<tr><td>2）链传动
①链传动的工作原理
②链传动的组成
③链传动的特点
④链传动的类型
⑤链传动的应用</td></tr>
<tr><td>3）齿轮传动
①齿轮传动的工作原理
②齿轮传动的组成
③齿轮传动的特点
④齿轮传动的类型
⑤齿轮传动的应用</td></tr>
<tr><td>4）螺旋传动
①螺旋传动的工作原理
②螺旋传动的组成
③螺旋传动的特点
④螺旋传动的类型
⑤螺旋传动的应用</td></tr>
<tr><td rowspan="3">（2）简单机械零件</td><td>1）连接</td><td rowspan="3">（1）方法：讲授法、练习法、讨论法
（2）重点与难点：机械零件的选择</td><td rowspan="3">6</td></tr>
<tr><td>2）联轴器</td></tr>
<tr><td>3）轴与轴承</td></tr>
</table>

续表

<table>
<tr><th colspan="3">2.1.1 职业基本素质培训要求</th><th colspan="4">2.2.1 职业基本素质培训课程规范</th></tr>
<tr><th>职业基本素质模块（模块）</th><th>培训内容（课程）</th><th>培训细目</th><th>学习单元</th><th>课程内容</th><th>培训建议</th><th>课堂学时</th></tr>
<tr><td rowspan="12">3．机械加工基础知识</td><td rowspan="7">3-2 机械加工常用设备的分类、用途</td><td rowspan="7">（1）车床种类与用途
（2）铣床种类与用途
（3）钻床种类与用途
（4）刨床种类与用途
（5）插床种类与用途
（6）磨床种类与用途
（7）镗床种类与用途</td><td rowspan="7">（1）机械加工常用设备的分类、用途</td><td>1）车床种类与用途</td><td rowspan="7">（1）方法：讲授法、练习法、讨论法
（2）重点与难点：机械设备的选择</td><td rowspan="7">4</td></tr>
<tr><td>2）铣床种类与用途</td></tr>
<tr><td>3）钻床种类与用途</td></tr>
<tr><td>4）刨床种类与用途</td></tr>
<tr><td>5）插床种类与用途</td></tr>
<tr><td>6）磨床种类与用途</td></tr>
<tr><td>7）镗床种类与用途</td></tr>
<tr><td rowspan="5">3-3 金属切削原理和常用刀具知识</td><td rowspan="5">（1）金属切削原理
（2）常用刀具知识</td><td rowspan="3">（1）金属切削原理</td><td>1）金属切削的概念</td><td rowspan="3">（1）方法：讲授法、练习法、讨论法
（2）重点与难点：切削要素</td><td rowspan="3">2</td></tr>
<tr><td>2）切削运动和工作表面</td></tr>
<tr><td>3）切削要素</td></tr>
<tr><td rowspan="2">（2）常用刀具知识</td><td>1）刀具材料及应用
①刀具材料的性能
②刀具材料种类和应用</td><td rowspan="2">（1）方法：讲授法、练习法、讨论法
（2）重点与难点：刀具的选择</td><td rowspan="2">6</td></tr>
<tr><td>2）刀具切削的几何角度及对切削性能的影响
①刀具组成
②辅助平面
③切削部分的几何角度
3）常用刀具
①钻头
②铰刀
③丝锥
④板牙</td></tr>
</table>

续表

2.1.1 职业基本素质培训要求			2.2.1 职业基本素质培训课程规范			
职业基本素质模块（模块）	培训内容（课程）	培训细目	学习单元	课程内容	培训建议	课堂学时
3．机械加工基础知识	3-4 典型零件（主轴、箱体、齿轮等）的加工工艺	（1）主轴加工工艺 （2）箱体加工工艺 （3）直齿圆柱齿轮加工工艺	（1）主轴加工工艺	1）主轴零件分析 2）主轴零件加工工艺过程	（1）方法：讲授法、练习法、讨论法 （2）重点与难点：主轴的加工工艺过程	2
			（2）箱体加工工艺	1）箱体零件分析 2）箱体零件加工工艺过程	（1）方法：讲授法、练习法、讨论法 （2）重点与难点：箱体的加工工艺过程	2
			（3）直齿圆柱齿轮加工工艺	1）直齿圆柱齿轮零件分析 2）直齿圆柱齿轮零件加工工艺过程	（1）方法：讲授法、练习法、讨论法 （2）重点与难点：齿轮的加工工艺过程	2
	3-5 设备润滑及切削液的基础知识	（1）设备润滑基础知识 （2）切削液基础知识	（1）设备润滑常识	1）润滑剂的作用及种类 2）润滑剂特点及用途	（1）方法：讲授法、练习法、讨论法 （2）重点与难点：润滑剂的选择	1
			（2）切削液的基础知识	1）切削液的作用及种类 2）切削液的特点及用途	（1）方法：讲授法、练习法、讨论法 （2）重点与难点：切削液的选择	1
	3-6 工具、刀具、夹具和量具的使用与维护知识	（1）常用工具的种类、使用与维护 （2）常用刀具的种类、使用与维护 （3）常用夹具的种类、使用与维护 （4）常用量具的种类、使用与维护	（1）常用工具的种类、使用与维护	1）台虎钳 2）手持式砂轮机 3）手电钻 4）扳手	（1）方法：讲授法、练习法、讨论法 （2）重点：常用工具的使用 （3）难点：常用工具的维护	2

续表

2.1.1 职业基本素质培训要求			2.2.1 职业基本素质培训课程规范			
职业基本素质模块（模块）	培训内容（课程）	培训细目	学习单元	课程内容	培训建议	课堂学时
3. 机械加工基础知识	3–6 工具、刀具、夹具和量具的使用与维护知识	（1）常用工具的种类、使用与维护 （2）常用刀具的种类、使用与维护 （3）常用夹具的种类、使用与维护 （4）常用量具的种类、使用与维护	（2）常用刀具的种类、使用与维护	1）钻头 2）铰刀 3）丝锥 4）板牙	（1）方法：讲授法、练习法、讨论法 （2）重点：常用刀具的使用 （3）难点：常用刀具的维护	2
			（3）常用夹具的种类、使用与维护	（1）弓形夹 （2）V 形铁	（1）方法：讲授法、练习法、讨论法 （2）重点：常用夹具的使用 （3）难点：常用夹具的维护	1
			（4）常用量具的种类、使用与维护	1）钢直尺 2）游标卡尺 3）千分尺 4）高度尺 5）万能量角器	（1）方法：讲授法、练习法、讨论法 （2）重点：常用量具的使用 （3）难点：常用量具的维护	2
4. 钳工工艺知识	4–1 划线知识	（1）划线知识	（1）划线知识	1）划线工具及其使用 2）划线方法 3）分度头划线方法	（1）方法：讲授法、练习法、演示法 （2）重点与难点：划线的方法	2
	4–2 錾、锉、锯、钻孔、铰孔、攻螺纹、套螺纹、刮研等钳工操作相关知识	（1）錾削、锉削、锯削操作知识 （2）孔加工知识 （3）螺纹加工知识 （4）刮研操作知识	（1）錾削、锉削、锯削操作知识	1）錾削 ①錾削工具 ②錾削方法及注意事项 2）锉削 ①锉削工具 ②锉削方法及注意事项 3）锯削 ①锯削工具 ②锯削方法及注意事项	（1）方法：讲授法、练习法、演示法 （2）重点与难点：钳加工基本方法	12

续表

<table>
<tr><th colspan="3">2.1.1　职业基本素质培训要求</th><th colspan="4">2.2.1　职业基本素质培训课程规范</th></tr>
<tr><th>职业基本素质模块（模块）</th><th>培训内容（课程）</th><th>培训细目</th><th>学习单元</th><th>课程内容</th><th>培训建议</th><th>课堂学时</th></tr>
<tr><td rowspan="9">4．钳工工艺知识</td><td rowspan="9">4-2　錾、锉、锯、钻孔、铰孔、攻螺纹、套螺纹、刮研等钳工操作相关知识</td><td rowspan="9">（1）錾削、锉削、锯削操作知识
（2）孔加工知识
（3）螺纹加工知识
（4）刮研操作知识</td><td rowspan="4">（2）孔加工知识</td><td>1）钻孔</td><td rowspan="4">（1）方法：讲授法、练习法、演示法
（2）重点与难点：孔加工基本方法</td><td rowspan="4">4</td></tr>
<tr><td>2）铰孔</td></tr>
<tr><td>3）扩孔</td></tr>
<tr><td>4）锪孔</td></tr>
<tr><td rowspan="3">（3）螺纹加工知识</td><td>1）螺纹的种类</td><td rowspan="3">（1）方法：讲授法、练习法、演示法
（2）重点与难点：螺纹加工基本方法</td><td rowspan="3">2</td></tr>
<tr><td>2）外螺纹加工</td></tr>
<tr><td>3）内螺纹加工</td></tr>
<tr><td rowspan="2">（4）刮研操作知识</td><td>1）刮削操作
①刮削原理
②刮削工具
③刮削方法</td><td rowspan="2">（1）方法：讲授法、练习法、演示法
（2）重点与难点：刮研加工基本方法</td><td rowspan="2">4</td></tr>
<tr><td>2）研磨操作
①研磨原理
②研磨工具
③研磨方法</td></tr>
<tr><td rowspan="9">5．电工知识</td><td rowspan="9">5-1　通用设备和常用电器的种类及用途</td><td rowspan="9">（1）低压配电电器
（2）低压控制电器
（3）万用表的使用
（4）钳形电流表的使用</td><td rowspan="7">（1）通用电器元件</td><td>1）刀开关</td><td rowspan="7">（1）方法：讲授法、练习法、演示法
（2）重点与难点：通用电器元件的选择</td><td rowspan="7">4</td></tr>
<tr><td>2）转换开关</td></tr>
<tr><td>3）熔断器</td></tr>
<tr><td>4）低压断路器</td></tr>
<tr><td>5）主令电器</td></tr>
<tr><td>6）接触器</td></tr>
<tr><td>7）热继电器</td></tr>
<tr><td rowspan="2">（2）常用仪表的使用</td><td>1）指针式万用表
①使用方法
②使用注意事项</td><td rowspan="2">（1）方法：讲授法、练习法、演示法
（2）重点与难点：常用仪表的选择</td><td rowspan="2">2</td></tr>
<tr><td>2）指针式钳形电流表
①使用方法
②使用注意事项</td></tr>
</table>

续表

2.1.1 职业基本素质培训要求			2.2.1 职业基本素质培训课程规范			
职业基本素质模块（模块）	培训内容（课程）	培训细目	学习单元	课程内容	培训建议	课堂学时
5. 电工知识	5–2 电力拖动及控制原理基础知识	（1）电力拖动基础知识 （2）控制原理基础知识	（1）典型基本电气控制电路	1）电动机点动控制电路	（1）方法：讲授法、案例法 （2）重点：电路的识读 （3）难点：电路的连接	2
				2）星形—三角形起动控制电路		
			（2）典型机床电气控制电路	1）CA6140车床控制电路	（1）方法：讲授法、案例法 （2）重点：电路的识读 （3）难点：电路故障	2
				2）电路常见故障		
	5–3 安全用电知识	（1）电流的伤害 （2）触电急救知识 （3）用电安全措施	（1）安全用电常识	1）电流对人体的伤害	（1）方法：讲授法、案例法 （2）重点：电流对人体的伤害 （3）难点：触电的急救方法	2
				2）触电造成的伤害种类		
				3）触电者脱离电源的方法和急救方法		
				4）常用安全用电措施		
6. 安全文明生产与环境保护知识	6–1 现场文明生产要求	（1）现场文明生产要求	（1）现场文明生产要求	1）生产现场的定义	（1）方法：讲授法、案例分析法、讨论法 （2）重点与难点：加强现场文明生产的管理	2
				2）现场文明生产的意义		
				3）加强现场文明生产的管理		
				4）现场文明生产要求		

续表

<table>
<tr><td colspan="3">2.1.1 职业基本素质培训要求</td><td colspan="4">2.2.1 职业基本素质培训课程规范</td></tr>
<tr><td>职业基本素质模块（模块）</td><td>培训内容（课程）</td><td>培训细目</td><td>学习单元</td><td>课程内容</td><td>培训建议</td><td>课堂学时</td></tr>
<tr><td rowspan="7">6．安全文明生产与环境保护知识</td><td rowspan="3">6–2 安全操作与劳动保护知识</td><td rowspan="3">（1）劳动保护知识
（2）安全操作与防护</td><td rowspan="3">（1）安全操作与劳动保护知识</td><td>1）劳动保护常识</td><td rowspan="3">（1）方法：讲授法、案例分析法、讨论法
（2）重点：安全操作知识
（3）难点：机械设备安全防护</td><td rowspan="3">2</td></tr>
<tr><td>2）机械安全操作与防护
①机械伤害的类型
②机械设备的危险与防护</td></tr>
<tr><td>3）防火防爆安全</td></tr>
<tr><td rowspan="4">6–3 环境保护知识</td><td rowspan="4">（1）工业企业对环境的污染
（2）工业企业环境保护</td><td rowspan="4">（1）环境保护知识</td><td>1）固体废物
①固体废物及其对环境的污染
②固体废物的管理</td><td rowspan="4">（1）方法：讲授法、案例分析法、讨论法
（2）重点：工业企业污染源
（3）难点：工业企业污染源的防治</td><td rowspan="4">2</td></tr>
<tr><td>2）液体废物
①液体废物及其对环境的污染
②液体废物的管理</td></tr>
<tr><td>3）气体废物
①气体废物及其对环境的污染
②气体废物的管理</td></tr>
<tr><td>4）噪声
①噪音及其对环境的污染
②噪声的防护</td></tr>
<tr><td rowspan="2">7．质量管理知识</td><td rowspan="2">7–1 企业的质量方针</td><td rowspan="2">（1）企业的质量方针</td><td rowspan="2">（1）企业的质量方针</td><td>1）质量方针的意义</td><td rowspan="2">（1）方法：讲授法、案例分析法、讨论法
（2）重点与难点：质量方针的内容</td><td rowspan="2">2</td></tr>
<tr><td>2）企业质量方针的内容</td></tr>
</table>

续表

<table>
<tr><th colspan="3">2.1.1 职业基本素质培训要求</th><th colspan="4">2.2.1 职业基本素质培训课程规范</th></tr>
<tr><th>职业基本素质模块（模块）</th><th>培训内容（课程）</th><th>培训细目</th><th>学习单元</th><th>课程内容</th><th>培训建议</th><th>课堂学时</th></tr>
<tr><td rowspan="6">7. 质量管理知识</td><td rowspan="2">7-2 岗位的质量要求</td><td rowspan="2">（1）岗位的质量要求</td><td rowspan="2">（1）质量管理的工作内容</td><td>1）企业管理与质量控制
①质量
②工作质量
③质量管理</td><td rowspan="2">（1）方法：讲授法、案例分析法、讨论法
（2）重点与难点：质量管理的发展</td><td rowspan="2">2</td></tr>
<tr><td>2）质量管理的工作内容
①全面质量管理
②岗位质量管理</td></tr>
<tr><td rowspan="4">7-3 岗位的质量保证措施与责任</td><td rowspan="4">（1）岗位的质量保证措施与责任</td><td rowspan="4">（1）生产过程中的质量管理</td><td>1）质量保证关系</td><td rowspan="4">（1）方法：讲授法、案例分析法、讨论法
（2）重点与难点：质量认证方法</td><td rowspan="4">2</td></tr>
<tr><td>2）工人在现场质量管理工作中的具体工作</td></tr>
<tr><td>3）提高现场工作质量的方法</td></tr>
<tr></tr>
<tr><td rowspan="10">8. 相关法律、法规知识</td><td rowspan="10">8-1 相关法律、法规知识</td><td rowspan="10">（1）劳动法相关知识
（2）劳动合同法相关知识</td><td rowspan="6">（1）劳动法相关知识</td><td>1）劳动者的权利和义务</td><td rowspan="6">（1）方法：讲授法、案例分析法、讨论法
（2）重点与难点：劳动法的应用</td><td rowspan="6">2</td></tr>
<tr><td>2）劳动合同制度</td></tr>
<tr><td>3）劳动合同的订立、变更和解除</td></tr>
<tr><td>4）劳动安全卫生制度</td></tr>
<tr><td>5）社会保险制度</td></tr>
<tr><td>6）劳动争议处理</td></tr>
<tr><td rowspan="4">（2）劳动合同法相关知识</td><td>1）劳动合同的订立</td><td rowspan="4">（1）方法：讲授法、案例分析法、讨论法
（2）重点与难点：劳动合同法的应用</td><td rowspan="4">2</td></tr>
<tr><td>2）劳动合同的履行和变更</td></tr>
<tr><td>3）劳动合同的解除和终止</td></tr>
<tr><td>4）违反劳动合同的法律责任</td></tr>
<tr><td colspan="6">课堂学时合计</td><td>150</td></tr>
</table>

附录 2　初级职业技能培训要求与课程规范对照表

2.1.2　初级职业技能培训要求				2.2.2　初级职业技能培训课程规范			
职业功能模块（模块）	培训内容（课程）	技能目标	培训细目	学习单元	课程内容	培训建议	课堂学时
1. 装配零件加工	1–1　划线操作	1–1–1　能进行轴承盖、箱体盖类工件平面划线和轴承座零件的立体划线	（1）轴承盖平面划线 （2）箱体盖平面划线 （3）轴承座零件立体划线	（1）零件的平面划线	1）划线工具的使用与保养 2）划线前的准备工作 ①划线工具准备 ②工件的清洗 ③工件划线部位涂色 3）划线基准的选择 4）划基本线条的方法 5）轴承盖平面划线 6）箱体盖平面划线	（1）方法：讲授法、演示法、讨论法 （2）重点：平面划线方法 （3）难点：划线基准的选择	8
				（2）零件的立体划线	1）立体划线的方法 2）轴承座零件立体划线	（1）方法：讲授法、演示法、讨论法 （2）重点：立体划线方法 （3）难点：轴承座立体划线	8
		1–1–2　能使用分度头对旋转体类零件进行4等分、6等分、8等分划线	（1）分度头的使用	（3）分度头的使用	1）分度头的结构和工作原理 2）分度盘的结构和分度计算 3）分度头划线	（1）方法：讲授法、演示法、讨论法 （2）重点与难点：分度头划线	4
		1–1–3　能进行普通车床、普通铣床电器箱箱盖类钣金件的划线	（1）普通机床电器箱箱盖钣金件划线	（4）钣金件的划线	1）钣金工的工作工序 2）钣金常用工具和设备 3）机床电器箱箱盖钣金件划线	（1）方法：讲授法、演示法、讨论法、练习法 （2）重点与难点：机床电器箱箱盖钣金件划线	8

续表

<table>
<tr><th colspan="4">2.1.2　初级职业技能培训要求</th><th colspan="4">2.2.2　初级职业技能培训课程规范</th></tr>
<tr><th>职业功能模块（模块）</th><th>培训内容（课程）</th><th>技能目标</th><th>培训细目</th><th>学习单元</th><th>课程内容</th><th>培训建议</th><th>课堂学时</th></tr>
<tr><td rowspan="13">1．装配零件加工</td><td rowspan="13">1-2　锯削、锉削、錾削加工</td><td rowspan="3">1-2-1　能使用砂轮机刃磨錾子</td><td rowspan="3">（1）砂轮机的使用
（2）錾子的刃磨</td><td rowspan="5">（1）錾削加工</td><td>1）砂轮机的安全操作</td><td rowspan="5">（1）方法：讲授法、演示法、练习法
（2）重点：錾子的刃磨方法
（3）难点：錾削的加工方法</td><td rowspan="5">20</td></tr>
<tr><td>2）錾子的材料与热处理</td></tr>
<tr><td>3）錾子切削刃的刃磨</td></tr>
<tr><td rowspan="2">1-2-2　能在钢件上完成小平面和直油槽的錾削</td><td rowspan="2">（1）水平面錾削
（2）直油槽錾削</td><td>4）小平面錾削</td></tr>
<tr><td>5）直油槽的錾削</td></tr>
<tr><td>1-2-3　能依据型材的特性选择锯条</td><td>（1）锯条的选用</td><td rowspan="2">（2）锯削加工</td><td>1）锯削工具选择与安装
①锯条的规格
②锯条的选择
③锯条的安装
④锯弓的种类</td><td rowspan="2">（1）方法：讲授法、演示法、讨论法、练习法
（2）重点与难点：锯削操作</td><td rowspan="2">30</td></tr>
<tr><td>1-2-4　能锯削直径 ϕ30~50 mm 的 45 钢件，锯断面达到平面度公差 0.5 mm 的要求</td><td>（1）钢件锯削</td><td>2）钢件锯削加工
①锯削操作
②锯削的检测</td></tr>
<tr><td rowspan="3">1-2-5　能按照要求选择锉刀锉削 20mm×50mm 的平面，并达到以下要求：平面度公差 0.08 mm，尺寸公差 IT9，表面粗糙度 $Ra3.2$</td><td rowspan="3">（1）锉刀的选用与保养
（2）锉削平面</td><td rowspan="3">（3）锉削加工</td><td>1）锉刀的规格与选择</td><td rowspan="3">（1）方法：讲授法、演示法、讨论法、练习法
（2）重点与难点：锉削操作</td><td rowspan="3">30</td></tr>
<tr><td>2）锉刀的保养</td></tr>
<tr><td>3）平面锉削加工
①锉削操作
②锉削的检测</td></tr>
</table>

续表

2.1.2 初级职业技能培训要求				2.2.2 初级职业技能培训课程规范			
职业功能模块（模块）	培训内容（课程）	技能目标	培训细目	学习单元	课程内容	培训建议	课堂学时
1．装配零件加工	1-3 孔加工和螺纹加工	1-3-1 能刃磨标准麻花钻头	（1）标准麻花钻刃磨	（1）孔加工	1）钻头种类、结构和切削用量的选择 ①标准麻花钻 ②扩孔钻 ③锪孔钻	（1）方法：讲授法、演示法、讨论法 （2）重点：钻孔方法 （3）难点：铰孔加工操作	30
					2）标准麻花钻刃磨		
		1-3-2 能操作台式钻床或立式钻床，进行钻孔、扩孔、锪孔、铰孔	（1）台式钻床操作 （2）立式钻床操作		3）钻床的种类与构造		
		1-3-3 能钻削直径 $\phi 10$ mm 孔，并达到位置度公差 $\phi 0.3$ mm 的要求	（1）钻削直孔		4）钻床的操作 ①钻头的夹持 ②台式钻床操作 ③立式钻床操作		
		1-3-4 能铰削直孔，并达到以下要求：尺寸公差 IT8，表面粗糙度 $Ra1.6$	（1）铰削直孔		5）钻削直孔 ①钻头的选择 ②钻削用量的选择 ③钻孔时的冷却润滑		
					6）铰削直孔 ①机铰的切削速度和进给量 ②铰孔余量的确定 ③切削液的选择		
		1-3-5 能根据不同材料确定攻螺纹、套螺纹前的底孔直径和圆杆直径	（1）螺纹计算	（2）螺纹加工	1）螺纹的标准 ①公制螺纹 ②英制螺纹	（1）方法：讲授法、演示法 （2）重点：螺纹的加工方法 （3）难点：螺纹的尺寸计算	30
					2）螺纹的尺寸计算 ①管螺纹 ②圆锥管螺纹		
		1-3-6 能用丝锥、板牙进行攻、套内外螺纹	（1）内螺纹加工 （2）外螺纹加工		3）螺纹加工工具 ①攻螺纹与丝锥的结构特点 ②套螺纹与板牙的结构特点		
					4）攻螺纹		
					5）套螺纹		

续表

<table>
<tr><th colspan="4">2.1.2 初级职业技能培训要求</th><th colspan="4">2.2.2 初级职业技能培训课程规范</th></tr>
<tr><th>职业功能模块（模块）</th><th>培训内容（课程）</th><th>技能目标</th><th>培训细目</th><th>学习单元</th><th>课程内容</th><th>培训建议</th><th>课堂学时</th></tr>
<tr><td rowspan="7">1．装配零件加工</td><td rowspan="7">1–4 刮削和研磨</td><td rowspan="4">1–4–1 能刮削平板，并达到以下要求：25 mm×25 mm 范围内接触点不少于 12 点</td><td rowspan="4">（1）平板刮削</td><td rowspan="4">（1）刮削加工</td><td>1）原始平板的刮削方法</td><td rowspan="4">（1）方法：讲授法、演示法
（2）重点：平面的刮削
（3）难点：刮刀的刃磨</td><td rowspan="4">12</td></tr>
<tr><td>2）刮刀及显示剂的选用</td></tr>
<tr><td>3）刮刀的刃磨</td></tr>
<tr><td>4）平板刮削</td></tr>
<tr><td rowspan="3">1–4–2 能研磨 100 mm×100 mm 的平面，并达到以下要求：表面粗糙度 Ra0.8，平面度 0.03 mm</td><td rowspan="3">（1）平面研磨</td><td rowspan="3">（2）研磨加工</td><td>1）研具的选用</td><td rowspan="3">（1）方法：讲授法、演示法
（2）重点：研磨方法
（3）难点：平面研磨</td><td rowspan="3">12</td></tr>
<tr><td>2）研磨剂的选用与配制</td></tr>
<tr><td>3）平面研磨</td></tr>
<tr><td rowspan="5">2．机械装配</td><td rowspan="5">2–1 零件清洗与防护</td><td>2–1–1 能选择清洗剂与防护材料</td><td>（1）清洗剂的选择
（2）防护材料的选择</td><td rowspan="5">（1）零件清洗与防护</td><td>1）清洗剂的选用
①清洗剂的种类
②清洗剂的选用</td><td rowspan="5">（1）方法：讲授法、演示法、讨论法
（2）重点：零件清洗与防护操作
（3）难点：清洗与防护流程的选择</td><td rowspan="5">8</td></tr>
<tr><td>2–1–2 能对零件进行清洗和防护</td><td>（1）零件防护</td><td>2）金属腐蚀与防护
①零件防护的概念
②金属腐蚀的种类
③防护材料的选用</td></tr>
<tr><td rowspan="3">2–1–3 能根据不同零件的特点，确定零件的清洗与防护工艺流程</td><td rowspan="3">（1）确定零件的清洗与防护流程</td><td>3）零件清洗工艺</td></tr>
<tr><td>4）零件防护工艺</td></tr>
<tr><td>5）零件清洗与防护</td></tr>
</table>

续表

2.1.2 初级职业技能培训要求				2.2.2 初级职业技能培训课程规范			
职业功能模块（模块）	培训内容（课程）	技能目标	培训细目	学习单元	课程内容	培训建议	课堂学时
2．机械装配	2-2 固定连接装配	2-2-1 能选择和使用通用工具，进行各种形式螺纹连接的装配和拆卸	（1）螺纹连接通用工具选用 （2）螺纹连接的装配 （3）螺纹连接的拆卸	（1）螺纹连接的装配与拆卸	1）螺纹连接装配的技术要求	（1）方法：讲授法、演示法、讨论法 （2）重点：螺纹连接的装拆	8
					2）螺纹连接工具选用		
					3）螺纹连接的防松		
					4）螺纹连接的装拆		
		2-2-2 能选配平键，并进行轴与轴上零件的平键连接的装配和拆卸	（1）平键的选配 （2）平键连接的装配 （3）平键连接的拆卸	（2）键连接的装配与拆卸	1）键的种类与特点	（1）方法：讲授法、演示法、讨论法、练习法 （2）重点与难点：平键连接的装拆	6
					3）平键的规格与代号		
					3）键连接的配合类型与选用		
					4）平键连接的装拆		
		2-2-3 能进行定位销的装配和拆卸	（1）销连接的装配 （2）销连接的拆卸	（3）销连接的装配与拆卸	1）销的种类和销连接的应用	（1）方法：讲授法、演示法、讨论法、练习法 （2）重点：圆柱销和圆锥销的装拆	6
					2）圆柱销的装拆		
					3）圆锥销的装拆		

续表

2.1.2 初级职业技能培训要求				2.2.2 初级职业技能培训课程规范			
职业功能模块（模块）	培训内容（课程）	技能目标	培训细目	学习单元	课程内容	培训建议	课堂学时
2．机械装配	2–3 传动机构装配	2–3–1 能进行带轮和传动带的装配、拆卸和张紧力调整	（1）带轮的装拆 （2）传动带的装拆 （3）张紧力的调整	（1）带轮和带传动的装配与拆卸	1）传动带的参数选用 2）带传动机构的装拆 3）带传动的张紧装置和调整方法	（1）方法：讲授法、演示法、讨论法 （2）重点：带传动机构的装配	6
		2–3–2 能进行链轮和链条的装配和拆卸	（1）链传动机构的装配 （2）链传动机构的拆卸	（2）链传动的装配	1）链轮和链条的主要参数 2）链传动机构的装拆 3）链传动机构的张紧	（1）方法：讲授法、演示法、讨论法、练习法 （2）重点与难点：链传动机构的张紧及装拆	6
		2–3–3 能进行圆柱齿轮传动机构的装配	（1）齿轮传动机构的装配	（3）圆柱齿轮传动机构的装配	1）圆柱齿轮机构的传动特点 2）圆柱齿轮机构主要参数计算 3）圆柱齿轮传动装置装配技术要求 4）圆柱齿轮传动机构的装配	（1）方法：讲授法、演示法、讨论法、练习法 （2）重点：圆柱齿轮传动机构的装配 （3）难点：圆柱齿轮机构主要参数的计算	8
		2–3–4 能进行螺旋传动机构的装配	（1）螺纹传动机构的装配 （2）蜗轮传动机构的装配	（4）螺旋传动机构的装配	1）螺旋传动的类型 ①普通螺旋传动 ②差动螺旋传动 ③滚珠螺旋传动 2）螺纹传动机构装配 3）蜗轮传动机构装配 4）螺旋传动机构的间隙调整	（1）方法：讲授法、演示法、讨论法、练习法 （2）难点：螺旋传动机构的间隙调整	8

续表

2.1.2 初级职业技能培训要求				2.2.2 初级职业技能培训课程规范			
职业功能模块（模块）	培训内容（课程）	技能目标	培训细目	学习单元	课程内容	培训建议	课堂学时
2．机械装配	2-4 轴承和轴组装配	2-4-1 能进行0级滚动轴承的装配	（1）0级滚动轴承的装配	（1）0级滚动轴承的装配	1）滚动轴承的选用 ①滚动轴承的结构、特点 ②滚动轴承的分类、代号 ③滚动轴承的选用	（1）方法：讲授法、演示法、讨论法 （2）重点：滚动轴承的装配	6
					2）轴承的装调方法 ①轴承的固定 ②轴承组合的调整 ③轴承的配合		
					3）滚动轴承的装配		
		2-4-2 能进行整体式滑动轴承、轴套、轴承座的装配	（1）整体式滑动轴承、轴套、轴承座的装配	（2）整体式滑动轴承的装配	1）滑动轴承的结构特点、类型	（1）方法：讲授法、演示法、讨论法 （2）难点：滑动轴承的装配	8
					2）滑动轴承的轴瓦及轴承座材料		
					3）滑动轴承装配 ①零件检查及清洗 ②主件安装 ③附件安装		
		2-4-3 能进行轴承的润滑部分和密封件的装配	（1）轴承的润滑部分装配 （2）轴承密封件装配	（3）轴承的润滑部分和密封件装配	1）常用润滑剂、润滑脂的种类和特性	（1）方法：讲授法、演示法、讨论法 （2）重点与难点：轴承密封件的装配	6
					2）轴承润滑装置的结构特点		
					3）轴承润滑装置装配		
					4）轴承密封件的结构特点		
					5）轴承密封件装配		

续表

<table>
<tr><th colspan="4">2.1.2 初级职业技能培训要求</th><th colspan="4">2.2.2 初级职业技能培训课程规范</th></tr>
<tr><th>职业功能模块（模块）</th><th>培训内容（课程）</th><th>技能目标</th><th>培训细目</th><th>学习单元</th><th>课程内容</th><th>培训建议</th><th>课堂学时</th></tr>
<tr><td rowspan="7">2. 机械装配</td><td rowspan="6">2–5 液压传动装配</td><td rowspan="4">2–5–1 能进行液压管接头的装配和拆卸</td><td rowspan="4">(1) 液压管接头装配
(2) 液压管接头拆卸</td><td rowspan="4">(1) 液压管接头拆装</td><td>1) 管接头和连接方式的特点</td><td rowspan="4">(1) 方法：讲授法、演示法、讨论法
(2) 重点：液压管接头的装配和拆卸
(3) 难点：管接头的防漏</td><td rowspan="4">6</td></tr>
<tr><td>2) 管接头的预装</td></tr>
<tr><td>3) 管接头的装拆</td></tr>
<tr><td>4) 管接头的防漏</td></tr>
<tr><td rowspan="2">2–5–2 能进行金属管的扩口和装配</td><td rowspan="2">(1) 金属管的扩口
(2) 金属管的装配</td><td rowspan="2">(2) 金属管的扩口与装配</td><td>1) 金属管的扩口</td><td rowspan="2">(1) 方法：讲授法、演示法、讨论法、练习法
(2) 重点：金属管的装配
(3) 难点：金属管的扩口</td><td rowspan="2">4</td></tr>
<tr><td>2) 金属管的装配</td></tr>
<tr><td>2–6 部件和整机装配</td><td>2–6–1 能进行普通车床、普通铣床、牛头刨床等的部件装配</td><td>(1) 普通机床部件的装配
(2) 普通铣床部件的装配
(3) 牛头刨床部件的装配</td><td>(1) 普通机床部件装配</td><td>1) 普通车床部件装配
①普通车床的工作原理
②普通车床的构造
③普通车床部件装配

2) 普通铣床部件装配
①普通铣床的工作原理
②普通铣床的构造
③普通铣床部件装配

3) 牛头刨床部件装配
①牛头刨床的工作原理
②牛头刨床的构造
③牛头刨床部件装配</td><td>(1) 方法：讲授法、演示法、讨论法
(2) 重点：普通机床的部件装配</td><td>12</td></tr>
</table>

续表

2.1.2 初级职业技能培训要求				2.2.2 初级职业技能培训课程规范			
职业功能模块（模块）	培训内容（课程）	技能目标	培训细目	学习单元	课程内容	培训建议	课堂学时
2．机械装配	2-6 部件和整机装配	2-6-2 能进行抛光机、装订机、平口钳、小型压力机等设备的总装配	（1）抛光机整机装配 （2）装订机整机装配 （3）平口钳整机装配 （4）小型压力机整机装配	（2）通用机械总装	1）通用机械装配安全操作规程 2）抛光机整机装配 3）装订机整机装配 4）平口钳整机装配 5）小型压力机整机装配	（1）方法：讲授法、演示法、讨论法 （2）重点：通用机械装配安全操作规程	24
3．设备检验、调试	3-1 精度检验	3-1-1 能使用游标卡尺、千分尺、内径百分表等常用量具检验钻孔、铰孔及螺纹的质量	（1）使用通用量具检验钻孔、铰孔及螺纹质量	（1）使用通用量具检测产品	1）通用量具的选用 2）钻孔、铰孔、螺纹质量检验	（1）方法：讲授法、演示法、讨论法 （2）重点：通用量具的使用方法	6
		3-1-2 能使用卡规、塞规等检验产品	（1）使用专用量具检验	（2）使用专用量具检验产品	1）专用量具的选用 2）专用量具的使用及注意事项	（1）方法：讲授法、演示法、讨论法 （2）难点：专用量具的选用	6
	3-2 装配质量检验	3-2-1 能检验机械的完整性、连接及紧固可靠性、运动件灵活性、表面涂装质量	（1）机械装配的完整性检验 （2）机械装配的可靠性检验 （3）机械运动件的灵活性检验 （4）机械表面涂装质量检验	（1）机械装配质量检验	1）机械装配质量的检验内容 2）机械的润滑、密封与防漏 3）机械的涂装和防锈 4）机械装配质量的检验	（1）方法：讲授法、演示法、讨论法 （2）难点：机械装配质量的检验	20

续表

2.1.2 初级职业技能培训要求				2.2.2 初级职业技能培训课程规范			
职业功能模块（模块）	培训内容（课程）	技能目标	培训细目	学习单元	课程内容	培训建议	课堂学时
3．设备检验、调试	3-2 装配质量检验	3-2-2 能进行普通车床、普通铣床的空运转试验操作，并检验设备运行有无异常、过热等现象	（1）普通车床的空运转试验 （2）普通铣床的空运转试验	（2）普通机床空运转试验	1）空运转的流程和方法	（1）方法：讲授法、演示法、讨论法 （2）重点：普通机床空运转试验	12
					2）普通车床空运转试验		
					3）普通铣床空运转试验		
	3-3 设备安装和调试	3-3-1 能使用水平仪检查和调整机械设备工作台的水平	（1）使用水平仪检查调整机械设备工作台	（1）机械设备安装与调试	1）水平仪的原理与使用 ①水平仪的测量原理 ②水平仪的读数 ③配合水平仪测量的用具 ④水平仪的使用	（1）方法：讲授法、演示法、讨论法 （2）重点：水平仪的使用方法 （3）难点：机械设备的安装与调试	12
		3-3-2 能进行台式或立式钻床等机械设备的安装和调试	（1）台式钻床安装与调试 （2）立式钻床安装与调试		2）机械设备安装的基础知识 ①安装方法 ②调试方法		
					3）台式钻床的安装与调试		
					4）立式钻床的安装与调试		
课堂学时合计							370

附录 3　中级职业技能培训要求与课程规范对照表

2.1.3　中级职业技能培训要求				2.2.3　中级职业技能培训课程规范			
职业功能模块（模块）	培训内容（课程）	技能目标	培训细目	学习单元	课程内容	培训建议	课堂学时
1. 装配零件加工	1-1　划线操作	1-1-1　能进行箱体、床身等较大型工件及形状较复杂工件的立体划线	（1）箱体的立体划线 （2）床身的立体划线	（1）较大型工件及形状较复杂工件的立体划线	1）形状复杂工件的立体划线方法 2）划线基准的选择 3）划线时的找正和借料 4）箱体的立体划线 5）床身的立体划线	（1）方法：讲授法、演示法、练习法 （2）重点：较大型及形状复杂工件的划线方法 （3）难点：划线时的找正和借料	10
		1-1-2　能进行锥体和多面体等有相贯线的钣金组合件的展开划线	（1）锥体的展开划线 （2）多面体的展开划线	（2）有相贯线的钣金组合件的展开划线	1）画展开图的方法 2）划线基准的选择 3）锥体的钣金组合件展开划线 4）多面体的钣金组合件展开划线	（1）方法：讲授法、演示法、练习法 （2）重点：锥体的展开划线 （3）难点：多面体的展开划线	10
	1-2　锯削、锉削、錾削加工	1-2-1　能刃磨油槽錾，并完成轴瓦上油槽的錾削	（1）刃磨油槽錾 （2）轴瓦油槽的錾削	（1）油槽錾削加工	1）油槽錾刃磨 2）轴瓦油槽錾削	（1）方法：讲授法、演示法、练习法 （2）重点与难点：油槽錾削方法	6
		1-2-2　能锯削 ϕ30~50 mm 的 45 钢件，锯断面达到平面度公差 0.4 mm 的要求	（1）钢件锯削	（2）钢件锯削加工	1）钢件锯削技术要求 2）钢件锯削加工	（1）方法：讲授法、演示法、练习法、讨论法 （2）难点：提高锯削表面质量	8

续表

2.1.3 中级职业技能培训要求				2.2.3 中级职业技能培训课程规范			
职业功能模块（模块）	培训内容（课程）	技能目标	培训细目	学习单元	课程内容	培训建议	课堂学时
1. 装配零件加工	1-2 锯削、锉削、錾削加工	1-2-3 能锉削 20 mm×50 mm 的平面，并达到以下要求：平面度公差 0.05 mm，尺寸公差 IT8，表面粗糙度 *Ra*1.6	（1）平面锉削	（3）平面锉削加工	1）平面锉削技术要求	（1）方法：讲授法、演示法、练习法、讨论法 （2）难点：提高锉削表面质量	10
					2）平面锉削加工		
	1-3 孔加工和螺纹加工	1-3-1 能操作手电钻、高速钻床进行钻孔	（1）手电钻的使用 （2）高速钻床的使用	（1）钻孔加工	1）手电钻操作	（1）方法：讲授法、演示法、练习法、讨论法 （2）重点：孔加工精度控制 （3）难点：高速钻床操作，标准麻花钻修磨	20
					2）高速钻床操作		
		1-3-2 能刃磨标准麻花钻，钻孔达到以下要求：尺寸公差 IT10，位置度公差 ϕ0.2 mm，表面粗糙度 *Ra*2.5	（1）标准麻花钻刃磨修磨 （2）钻孔加工		3）标准群钻种类与选用 ①群钻的结构特点 ②群钻的切削特点 ③标准群钻的选用		
					4）标准麻花钻刃磨、修磨		
					5）孔加工方法 ①小孔 ②深孔 ③盲孔 ④孔系 ⑤相交孔		
					5）使用钻床进行孔加工		
		1-3-3 能研磨铰刀，铰孔达到以下要求：尺寸公差 IT7，表面粗糙度 *Ra*0.8	（1）铰孔加工	（2）铰孔加工	1）铰刀的切削特点和研磨方法	（1）方法：讲授法、演示法、练习法 （2）重点与难点：铰孔加工	4
					2）铰孔加工		

续表

2.1.3 中级职业技能培训要求				2.2.3 中级职业技能培训课程规范			
职业功能模块（模块）	培训内容（课程）	技能目标	培训细目	学习单元	课程内容	培训建议	课堂学时
1．装配零件加工	1–3 孔加工和螺纹加工	1–3–4 能在盲孔上攻制螺纹	（1）盲孔上攻制螺纹	（3）螺纹加工	1）在盲孔上攻制螺纹	（1）方法：讲授法、演示法、练习法 （2）重点：螺纹加工 （3）难点：磨损的丝锥修磨	10
		1–3–5 能攻制 M4 螺纹	（1）攻制 M4 螺纹		2）攻制 M4 螺纹		
		1–3–6 能修磨磨损的丝锥，恢复其切削功能	（1）修磨磨损的丝锥		3）磨损的丝锥修磨		
	1–4 刮削和研磨	1–4–1 能刮削平板、方箱及燕尾形导轨，并达到以下要求：25 mm × 25 mm 范围内接触点不少于 16 点，表面粗糙度 *Ra*0.8，直线度公差 0.02 mm/1 000 mm	（1）平板刮削 （2）方箱刮削 （3）燕尾形导轨刮削	（1）刮削加工	1）标准直尺、方尺、直角尺的使用与维护	（1）方法：讲授法、演示法、讨论法 （2）重点：平面刮削加工 （3）难点：圆弧面刮削加工	20
					2）机床导轨的种类和特点		
					3）机床导轨精度检验要求和检验方法		
					4）平板刮削		
					5）方箱刮削		
					6）燕尾形导轨刮削		
		1–4–2 能刮削轴瓦，并达到以下要求：25 mm × 25 mm 范围内接触点为 16~20 点，圆柱度 ϕ0.02 mm，表面粗糙度 Ra1.6	（1）刮削轴瓦		7）轴瓦刮削		

续表

2.1.3　中级职业技能培训要求				2.2.3　中级职业技能培训课程规范			
职业功能模块（模块）	培训内容（课程）	技能目标	培训细目	学习单元	课程内容	培训建议	课堂学时
1．装配零件加工	1-4　刮削和研磨	1-4-3　能研磨 ϕ80 mm×400 mm 轴孔，并达到以下要求：圆柱度 ϕ0.02 mm，表面粗糙度 Ra0.8	（1）轴孔的研磨	（2）轴孔研磨加工	1）圆柱体研磨研具使用 ①圆柱表面的研磨方法 ②圆柱表面研磨的研具	（1）方法：讲授法、演示法、练习法 （2）重点与难点：圆柱表面研磨加工	10
					2）轴孔的研磨		
2．机械装配	2-1　零件黏结	2-1-1　能选择黏结剂	（1）黏结剂的选用	（1）零件黏结	1）黏结剂的选用	（1）方法：讲授法、讨论法 （2）重点：零件黏结 （3）难点：被黏结物的表面处理	2
		2-1-2　能确定和加工黏结的接头	（1）黏结的接头形式确定 （2）黏结接头的加工		2）黏结的接头形式确定		
		2-1-3　能对被黏结物进行表面处理	（1）被黏结物的表面处理		3）被黏结物的表面处理		
		2-1-4　能涂敷黏结剂进行零件的黏结	（1）黏结剂的涂敷		4）零件的黏结		
	2-2　固定连接装配	2-2-1　能进行花键连接的装配与拆卸	（1）花键连接的装配 （2）花键连接的拆卸	（1）花键连接的装配与拆卸	1）花键连接的种类和应用	（1）方法：讲授法、演示法、练习法 （2）重点：花键连接的装配	4
					2）花键连接的装配		
					3）花键连接的拆卸		
		2-2-2　能进行圆锥销连接的配钻、配铰，完成两个部件的定位安装	（1）圆锥销连接的配钻、配铰 （2）圆锥销连接的定位安装	（2）圆锥销连接的定位安装	1）圆锥销连接的配钻、配铰	（1）方法：讲授法、演示法、练习法 （2）重点：圆锥销连接的装配 （3）难点：圆锥销连接的配钻、配铰	4
					2）圆锥销连接的定位安装		

续表

2.1.3 中级职业技能培训要求				2.2.3 中级职业技能培训课程规范			
职业功能模块（模块）	培训内容（课程）	技能目标	培训细目	学习单元	课程内容	培训建议	课堂学时
2．机械装配	2-3 传动机构装配	2-3-1 能进行圆锥齿轮传动机构的装配和调整	（1）圆锥齿轮传动机构的装配 （2）圆锥齿轮传动机构的调整	（1）圆锥齿轮传动机构的装配与调整	1）圆锥齿轮传动的特点和应用 2）圆锥齿轮传动机构的装配 3）圆锥齿轮传动机构的调整	（1）方法：讲授法、讨论法 （2）重点：圆锥齿轮传动机构装配 （3）难点：圆锥齿轮传动机构调整	8
		2-3-2 能进行蜗轮蜗杆传动机构的装配和调整	（1）蜗轮蜗杆传动机构的装配 （2）蜗轮蜗杆传动机构传动的调整	（2）蜗轮蜗杆传动机构的装配与调整	1）蜗轮蜗杆传动机构传动的特点和应用 2）蜗轮蜗杆传动机构的装配 3）蜗轮蜗杆传动机构的调整	（1）方法：讲授法、练习法、讨论法 （2）重点与难点：蜗轮蜗杆传动机构传动装配	8
	2-4 轴承和轴组装配	2-4-1 能进行滚动轴承的装配，并调整轴承和轴组的间隙	（1）滚动轴承的装配 （2）轴承和轴组的间隙调整	（1）滚动轴承的装配与调整	1）滚动轴承的间隙 2）滚动轴承的装配 3）轴承和轴承组的装配间隙调整	（1）方法：讲授法、演示法、练习法、讨论法 （2）重点：滚动轴承装配 （3）难点：滚动轴承间隙调整	8
		2-4-2 能进行对开式滑动轴承的装配和间隙调整	（1）对开式滑动轴承的装配 （2）对开式滑动轴承的间隙调整	（2）对开式滑动轴承的装配与调整	1）对开式滑动轴承间隙 2）对开式滑动轴承的装配 3）对开式滑动轴承的装配间隙调整	（1）方法：讲授法、演示法、练习法、讨论法 （2）重点：对开式滑动轴承装配 （3）难点：对开式滑动轴承间隙调整	8
		2-4-3 能进行离合器的装配和多片摩擦离合器间隙的调整	（1）离合器的装配 （2）多片摩擦离合器间隙的调整	（3）离合器的装配与调整	1）常见离合器的种类和特点 2）离合器的装配 3）多片摩擦离合器间隙的调整	（1）方法：讲授法、演示法、讨论法 （2）重点：离合器装配 （3）难点：离合器间隙调整	8

续表

2.1.3　中级职业技能培训要求				2.2.3　中级职业技能培训课程规范			
职业功能模块（模块）	培训内容（课程）	技能目标	培训细目	学习单元	课程内容	培训建议	课堂学时
2．机械装配	2–5　液压传动装配	2–5–1　能进行普通液压元件、齿轮泵、球阀的安装及密封件的装配	（1）普通液压元件的装配 （2）齿轮泵的装配 （3）球阀的装配 （4）密封件的装配	（1）普通液压元件的装配	1）液压元件的特点和应用 2）普通液压元件装配	（1）方法：讲授法、演示法、练习法 （2）重点与难点：普通液压元件装配	8
				（2）齿轮泵、球阀及密封件的装配	1）齿轮泵的装配 2）球阀的装配 3）密封件的装配	（1）方法：讲授法、演示法、练习法 （2）重点与难点：齿轮泵的安装	14
		2–5–2　能进行各种液压辅件的安装	（1）液压辅件的安装	（3）液压辅件的安装	1）液压辅件种类及应用 2）液压辅件的安装	（1）方法：讲授法、演示法、练习法 （2）重点与难点：液压辅件的安装	2
	2–6　部件和整机装配	2–6–1　能对旋转体进行静平衡试验	（1）旋转体静平衡试验	（1）旋转体静平衡试验	1）旋转体的平衡知识 2）静平衡试验的方法和步骤	（1）方法：讲授法、练习法、案例教学法 （2）重点与难点：静平衡试验的方法	6
		2–6–2　能进行压缩机、气锤、压力机、木工机械、普通车床、普通铣床等的整机装配	（1）压缩机的整机装配 （2）气锤的整机装配 （3）压力机的整机装配 （4）木工机械的整机装配 （5）普通车床的整机装配 （6）普通铣床的整机装配	（2）通用机械设备整机装配	1）装配尺寸链知识 2）压缩机的整机装配 3）气锤的整机装配 4）压力机的整机装配 5）木工机械的整机装配 6）普通车床的整机装配 7）普通铣床的整机装配	（1）方法：讲授法、练习法 （2）重点与难点：各类通用机械设备整机装配	42

续表

<table>
<tr><td colspan="4">2.1.3　中级职业技能培训要求</td><td colspan="4">2.2.3　中级职业技能培训课程规范</td></tr>
<tr><td>职业功能模块（模块）</td><td>培训内容（课程）</td><td>技能目标</td><td>培训细目</td><td>学习单元</td><td>课程内容</td><td>培训建议</td><td>课堂学时</td></tr>
<tr><td rowspan="10">3．设备检验调试</td><td rowspan="6">3–1　精度检验</td><td rowspan="4">3–1–1　能使用标准量具校对和调整通用量具和专用量具</td><td rowspan="4">（1）成套量块的应用
（2）通用量具和专用量具校对调整</td><td rowspan="2">（1）成套量块的使用与维护</td><td>1）成套量块的构成、应用及尺寸组合</td><td rowspan="2">（1）方法：讲授法、演示法、练习法
（2）重点与难点：量块的应用</td><td rowspan="2">2</td></tr>
<tr><td>2）量块的维护保养</td></tr>
<tr><td rowspan="2">（2）通用量具和专用量具校调</td><td>1）用标准量具校对和调整通用量具</td><td rowspan="2">（1）方法：讲授法、演示法、练习法
（2）重点与难点：使用标准量具校对调整的方法</td><td rowspan="2">4</td></tr>
<tr><td>2）用标准量具校对和调整专用量具</td></tr>
<tr><td rowspan="2">3–1–2　能使用标准量具进行精密尺寸的测量</td><td rowspan="2">（1）精密尺寸的测量</td><td rowspan="2">（3）使用标准量具测量精密尺寸</td><td>1）正弦规的结构和测量原理</td><td rowspan="2">（1）方法：讲授法、演示法、练习法
（2）重点：正弦规的使用
（3）难点：精密尺寸的测量</td><td rowspan="2">6</td></tr>
<tr><td>2）精密尺寸的测量</td></tr>
<tr><td rowspan="4">3–2　装配质量检验与分析</td><td rowspan="2">3–2–1　能进行新装设备空运转试验</td><td rowspan="2">（1）新装设备空运转试验</td><td rowspan="2">（1）新装设备空运转试验</td><td>1）新装设备的特点</td><td rowspan="2">（1）方法：讲授法、练习法
（2）重点与难点：新装设备空运转试验</td><td rowspan="2">4</td></tr>
<tr><td>2）新装设备空运转试验</td></tr>
<tr><td rowspan="2">3–2–2　能使用常用量具对试件进行检验</td><td rowspan="2">（1）使用常用量具对试件进行检验</td><td rowspan="2">（2）使用常用量具对试件进行检验</td><td>1）试件检验的目的和项目</td><td rowspan="2">（1）方法：讲授法、练习法
（2）重点与难点：使用常用量具对试件进行检验</td><td rowspan="2">4</td></tr>
<tr><td>2）使用常用量具对试件进行检验</td></tr>
</table>

续表

2.1.3 中级职业技能培训要求				2.2.3 中级职业技能培训课程规范			
职业功能模块（模块）	培训内容（课程）	技能目标	培训细目	学习单元	课程内容	培训建议	课堂学时
3．设备检验调试	3-2 装配质量检验与分析	3-2-3 能使用光学仪器检验普通车床、普通铣床等设备的几何精度	（1）使用光学仪器检验普通机床的几何精度	（3）光学仪器的使用	1）光学仪器的结构和工作原理 2）光学仪器的使用方法	（1）方法：讲授法、练习法 （2）重点：光学仪器的工作原理 （3）难点：光学仪器的使用方法	2
				（4）使用光学仪器检验普通车床几何精度	1）普通车床质量检验的项目和方法 2）普通车床几何精度检验 3）普通车床装配常见质量问题判断	（1）方法：讲授法、练习法 （2）重点与难点：使用光学仪器检验普通车床几何精度	10
				（5）使用光学仪器检验普通铣床几何精度	1）普通铣床质量检验的项目和方法 2）普通铣床几何精度检验 3）普通铣床装配常见质量问题判断	（1）方法：讲授法、练习法 （2）重点与难点：使用光学仪器检验普通铣床几何精度	10
	3-3 设备调试	3-3-1 能对普通车床、普通铣床等设备的检查结果（如轴向窜动、径向跳动超差等质量问题）进行分析	（1）普通机床设备的检查结果分析	（1）普通机床设备的检查结果分析	1）光学仪器检验结果的分析方法 2）通用机床设备的检查结果分析 ①轴向窜动超差 ②径向跳动超差	（1）方法：讲授法、练习法 （2）重点与难点：设备超差分析	8
		3-3-2 能进行普通车床、普通铣床的整机调试	（1）普通车床的整机调试 （2）普通铣床的整机调试	（2）通用机床整机调试	1）机械设备安装规程 2）普通车床的整机调试 3）普通铣床的整机调试	（1）方法：讲授法、练习法 （2）重点与难点：普通机床的整机调试	20
课堂学时合计							300

附录 4　高级职业技能培训要求与课程规范对照表

2.1.4　高级职业技能培训要求				2.2.4　高级职业技能培训课程规范			
职业功能模块（模块）	培训内容（课程）	技能目标	培训细目	学习单元	课程内容	培训建议	课堂学时
1. 装配零件加工	1-1　划线操作	1-1-1　能进行发动机曲轴、曲柄连杆等复杂畸形工件的平面和立体划线	(1) 发动机曲轴的平面划线 (2) 曲柄连杆的平面划线 (3) 发动机曲轴的立体划线 (4) 曲柄连杆的立体划线	(1) 复杂畸形零件的划线	1) 发动机曲轴划线	(1) 方法：讲授法、演示法、练习法 (2) 重点与难点：划线尺寸的计算，复杂畸形零件的定位	16
					2) 曲柄连杆划线		
					3) 机架划线		
		1-1-2　能进行机床床身、齿轮箱的立体划线	(1) 机床床身的立体划线 (2) 齿轮箱的立体划线	(2) 大型工件的立体划线	1) 大型工件的划线方法	(1) 方法：讲授法 (2) 重点与难点：确定划线基准	12
					2) 机床床身的立体划线		
					3) 机床齿轮箱的立体划线		
	1-2　锯削、锉削加工	1-2-1　能锯削 ϕ30~50 mm的45钢件，锯断面达到以下要求：平面度公差0.25 mm，尺寸公差0.3 mm	(1) 钢件锯削	(1) 钢件锯削加工	1) 提高锯削精度的方法	(1) 方法：讲授法、演示法、练习法 (2) 重点与难点：锯削时的及时找正	2
					2) 钢件锯销加工		
		1-2-2　能锉削 20 mm×50 mm的平面，并达到以下要求：平面度公差 0.02 mm，尺寸公差IT7，表面粗糙度 Ra1.6	(1) 平面锉削	(2) 平面锉削加工	1) 提高锉削精度和表面质量的方法	(1) 方法：讲授法、演示法、练习法、讨论法 (2) 重点与难点：提高锉削精度的方法	4
					2) 平面锉削加工		
		1-2-3　能锉削和修整圆弧面，达到装配要求	(1) 圆弧面锉削	(3) 圆弧面锉削加工	1) 圆弧面用锉刀的种类及选择	(1) 方法：讲授法、演示法、练习法、讨论法 (2) 重点与难点：圆弧面质量的检查	4
					2) 圆弧面锉削加工与修整		

续表

<table>
<tr><td colspan="4">2.1.4　高级职业技能培训要求</td><td colspan="4">2.2.4　高级职业技能培训课程规范</td></tr>
<tr><td>职业功能模块（模块）</td><td>培训内容（课程）</td><td>技能目标</td><td>培训细目</td><td>学习单元</td><td>课程内容</td><td>培训建议</td><td>课堂学时</td></tr>
<tr><td rowspan="11">1．装配零件加工</td><td rowspan="7">1–3　孔系加工</td><td rowspan="3">1–3–1　能钻削、扩削、铰削高精度孔系，并达到以下要求：尺寸公差IT7，位置度公差 ϕ0.1 mm，表面粗糙度 Ra0.8</td><td rowspan="3">（1）高精度孔系加工</td><td rowspan="3">（1）高精度孔系加工</td><td>1）高精度孔系的特点</td><td rowspan="3">（1）方法：讲授法、演示法、练习法
（2）重点与难点：用量棒、校正销配合量块调整和控制孔距</td><td rowspan="3">12</td></tr>
<tr><td>2）高精度孔系加工中提高划线精度的方法</td></tr>
<tr><td>3）高精度孔系加工</td></tr>
<tr><td rowspan="4">1–3–2　能按不同使用要求刃磨群钻</td><td rowspan="4">（1）标准群钻的刃磨
（2）其他群钻的刃磨</td><td rowspan="2">（2）标准群钻刃磨</td><td>1）标准群钻的结构和切削特点</td><td rowspan="2">（1）方法：讲授法、演示法、练习法
（2）重点与难点：标准群钻的刃磨</td><td rowspan="2">4</td></tr>
<tr><td>2）标准群钻的刃磨</td></tr>
<tr><td rowspan="2">（3）其他群钻刃磨</td><td>1）其他群钻的分类和结构特点</td><td rowspan="2">（1）方法：讲授法、演示法、练习法、讨论法
（2）重点：其他群钻的结构特点</td><td rowspan="2">4</td></tr>
<tr><td>2）不同群钻的刃磨</td></tr>
<tr><td rowspan="4">1–4　刮削和研磨</td><td rowspan="2">1–4–1　能刮削平板、方箱及燕尾形导轨，并达到以下要求：25 mm×25 mm范围内接触点不少于20点，表面粗糙度 Ra0.4，直线度0.01 mm/1 000 mm</td><td rowspan="2">（1）平板刮削
（2）方箱刮削
（3）燕尾形导轨刮削</td><td rowspan="4">（1）刮削加工</td><td>1）保证刮削精度的措施</td><td rowspan="4">（1）方法：讲授法、演示法、练习法
（2）重点与难点：刮削精度补偿方法，多瓦式动压滑动轴承的刮削工艺</td><td rowspan="4">12</td></tr>
<tr><td>2）提高刮削精度的工艺方法</td></tr>
<tr><td rowspan="2">1–4–2　能刮削轴瓦，并达到以下要求：25 mm×25 mm范围内接触点为20点，圆柱度 ϕ0.01 mm，表面粗糙度 Ra0.8</td><td rowspan="2">（1）轴瓦刮削</td><td>3）平面的刮削及检查</td></tr>
<tr><td>4）多瓦式动压滑动轴承的刮削及检查</td></tr>
</table>

续表

2.1.4　高级职业技能培训要求				2.2.4　高级职业技能培训课程规范			
职业功能模块（模块）	培训内容（课程）	技能目标	培训细目	学习单元	课程内容	培训建议	课堂学时
1．装配零件加工	1-4　刮削和研磨	1-4-3　能研磨 ϕ100 mm×400 mm 孔，并达到以下要求：圆柱度 ϕ0.015 mm，表面粗糙度 *Ra*0.4	（1）孔的研磨加工	（2）圆弧面的研磨加工	1）影响圆弧面研磨精度的因素	（1）方法：讲授法、演示法、练习法、案例教学法 （2）重点与难点：精密圆柱孔的研磨工艺	6
					2）提高圆弧面研磨精度的工艺方法		
					3）圆弧面研磨加工		
2．机械装配	2-1　固定连接装配	2-1-1　能使用热胀法、冷缩法、液压套合法进行过盈连接的装配	（1）热胀法过盈连接装配 （2）冷缩法过盈连接装配 （3）液压套合法过盈连接装配	（1）热胀法过盈连接装配	1）热胀装配法的加热方式、特点及应用范围	（1）方法：讲授法、练习法、案例教学法 （2）重点与难点：工件加热温度计算	2
					2）热胀法的装配工艺		
					3）热胀法装配		
				（2）冷缩法过盈连接装配	1）冷缩法应用	（1）方法：讲授法、练习法 （2）重点与难点：工件冷缩温度的估算	2
					2）冷缩法装配工艺		
					3）冷缩法装配		
				（3）液压套合法过盈连接装配	1）液压套合法应用	（1）方法：讲授法、演示法、练习法、案例教学法 （2）重点与难点：液压套合法的装配工艺	2
					2）液压套合法装配工艺		
					3）液压套合法装配		

续表

2.1.4 高级职业技能培训要求				2.2.4 高级职业技能培训课程规范			
职业功能模块（模块）	培训内容（课程）	技能目标	培训细目	学习单元	课程内容	培训建议	课堂学时
2．机械装配	2-2 传动机构装配	2-2-1 能进行齿形链的装配	（1）齿形链装配	（1）齿形链装配	1）齿形链的传动特点和应用	（1）方法：讲授法、演示法、练习法、案例教学法 （2）重点与难点：齿形链传动的张紧	4
					2）齿形链的技术参数		
					3）齿形链的装配工艺		
					4）齿形链的装配		
		2-2-2 能进行齿形带的装配	（1）齿形同步带装配	（2）齿形同步带装配	1）齿形同步带的传动特点和应用	（1）方法：讲授法、演示法、练习法、案例教学法 （2）重点与难点：齿形同步带的装配	4
					2）齿形同步带传动技术参数		
					3）齿形同步带的装配		
	2-3 轴承和轴组装配	2-3-1 能进行可调式滑动轴承、多瓦式滑动轴承的装配和调整，并达到技术要求	（1）可调式滑动轴承装配 （2）多瓦式滑动轴承装配	（1）轴承与轴组的装配	1）间隙可调式滑动轴承装配与调整	（1）方法：讲授法、演示法、练习法、案例教学法 （2）重点与难点：轴承和轴承组的间隙调整方法	6
					2）自动调位多瓦式滑动轴承装配与调整		
					3）多瓦式滑动轴承装配与调整		
					4）短三瓦动压轴承装配与调整		
		2-3-2 能进行静压滑动轴承的装配	（1）静压滑动轴承装配	（2）静压轴承装配	1）静压轴承的结构和工作原理	（1）方法：讲授法、演示法、练习法、案例教学法 （2）重点与难点：静压轴承的结构与装配	4
					2）静压轴承的装配		

续表

2.1.4 高级职业技能培训要求				2.2.4 高级职业技能培训课程规范			
职业功能模块（模块）	培训内容（课程）	技能目标	培训细目	学习单元	课程内容	培训建议	课堂学时
2．机械装配	2-4 液压传动装配	2-4-1 能装配和调整安全阀等常用液压阀	（1）常用液压阀装配与调整	（1）常用液压阀装配与调整	1）液压阀的种类和结构 2）液压阀的作用和工作原理 3）液压阀的装配 4）液压阀的调整	（1）方法：讲授法、演示法、案例教学法 （2）重点与难点：液压阀的装配	8
		2-4-2 能进行液压系统的整体连接安装	（1）液压系统的整体连接安装	（2）液压系统的整体连接安装与调试	1）压力控制回路 2）速度控制回路 3）顺序控制回路 4）方向控制回路和同步回路 5）液压系统的整体连接安装与调试	（1）方法：讲授法、演示法、案例教学法 （2）重点与难点：液压系统的整体连接安装调试	12
	2-5 部件和整机装配	2-5-1 能对旋转体进行动平衡试验	（1）旋转体动平衡试验	（1）旋转体动平衡	1）动平衡的基本知识 2）动平衡机 3）旋转体动平衡试验	（1）方法：讲授法、演示法、练习法、案例教学法 （2）重点与难点：动平衡调整原理	6
		2-5-2 能进行机床主轴部件的装配	（1）机床主轴部件装配	（2）机床主轴部件装配	1）主轴部件的精度要求 2）滚动轴承的定向装配工艺 3）卧式镗床主轴部件装配调整	（1）方法：讲授法、演示法、练习法、案例教学法 （2）重点与难点：滚动轴承的定向装配	10

续表

<table>
<tr><td colspan="4">2.1.4 高级职业技能培训要求</td><td colspan="4">2.2.4 高级职业技能培训课程规范</td></tr>
<tr><td>职业功能模块（模块）</td><td>培训内容（课程）</td><td>技能目标</td><td>培训细目</td><td>学习单元</td><td>课程内容</td><td>培训建议</td><td>课堂学时</td></tr>
<tr><td rowspan="8">2．机械装配</td><td rowspan="8">2-5 部件和整机装配</td><td rowspan="4">2-5-3 能进行外圆磨床、内圆磨床、平面磨床、万能磨床的部件装配</td><td rowspan="4">（1）外圆磨床的部件装配
（2）内圆磨床的部件装配
（3）平面磨床的部件装配
（4）万能磨床的部件装配</td><td rowspan="4">（3）精密机械设备部件装配</td><td>1）外圆磨床部件装配
①外圆磨床的结构和工作原理
②外圆磨床的液压传动系统
③外圆磨床横向进给机构装配</td><td rowspan="4">（1）方法：讲授法、演示法、练习法、案例教学法
（2）重点与难点：磨床的液压传动系统</td><td rowspan="4">20</td></tr>
<tr><td>2）内圆磨床部件装配
①内圆磨床的结构和工作原理
②内圆磨床液压系统的装配</td></tr>
<tr><td>3）平面磨床部件装配
①平面磨床的结构和工作原理
②平面磨床床身的装配</td></tr>
<tr><td>4）万能磨床部件装配
①万能磨床的结构和工作原理
②万能磨床床身的装配</td></tr>
<tr><td rowspan="4">2-5-4 能进行外圆磨床、内圆磨床、平面磨床、万能磨床等金属切削机床的整机装配</td><td rowspan="4">（1）外圆磨床的整机装配
（2）内圆磨床的整机装配
（3）平面磨床的整机装配
（4）万能磨床的整机装配</td><td rowspan="4">（4）精密机械设备整机装配</td><td>1）外圆磨床的整机装配</td><td rowspan="4">（1）方法：讲授法、演示法、练习法、案例教学法
（2）重点与难点：整机装配的精度保证</td><td rowspan="4">18</td></tr>
<tr><td>2）内圆磨床的整机装配</td></tr>
<tr><td>3）平面磨床的整机装配</td></tr>
<tr><td>4）万能外圆磨床的整机装配</td></tr>
</table>

续表

2.1.4 高级职业技能培训要求				2.2.4 高级职业技能培训课程规范			
职业功能模块（模块）	培训内容（课程）	技能目标	培训细目	学习单元	课程内容	培训建议	课堂学时
3．设备检验、调试	3–1 装配质量检验	3–1–1 能使用合像水平仪、光学平直仪对机床导轨进行精度检验	（1）使用合像水平仪检验机床导轨 （2）使用光学平直仪检验机床导轨	（1）机床导轨精度检验	1）合像水平仪的原理和使用方法	（1）方法：讲授法、演示法、案例教学法 （2）重点与难点：合像水平仪、光学平直仪的使用方法	6
					2）使用合像水平仪检验导轨直线度		
					3）光学平直仪的原理和使用方法		
					4）使用光学平直仪检验导轨直线度		
		3–1–2 能使用激光干涉仪对外圆磨床、内圆磨床、平面磨床、万能磨床等整机进行精度检验	（1）使用激光干涉仪检验外圆磨床整机精度 （2）使用激光干涉仪检验内圆磨床整机精度 （3）使用激光干涉仪检验平面磨床整机精度 （4）使用激光干涉仪检验万能磨床整机精度	（2）激光干涉仪的使用	1）激光干涉仪的结构特点和测量原理	（1）方法：讲授法、演示法、案例教学法 （2）重点与难点：激光干涉仪的使用方法	2
					2）激光干涉仪的使用		
				（3）磨床整机精度检验	1）外圆磨床装配质量检验	（1）方法：讲授法、演示法、案例教学法 （2）重点与难点：整机装配精度检验方法	8
					2）内圆磨床装配质量检验		
					3）平面磨床装配质量检验		
					4）万能磨床装配质量检验		

续表

2.1.4 高级职业技能培训要求				2.2.4 高级职业技能培训课程规范			
职业功能模块（模块）	培训内容（课程）	技能目标	培训细目	学习单元	课程内容	培训建议	课堂学时
3．设备检验、调试	3-2 设备调试	3-2-1 能对负荷试验部件或系统的不合格项目进行分析，并提出相应的解决办法	（1）解决负荷试验部件装配质量问题 （2）解决负荷试验系统装配质量问题	（1）机械设备负荷试验中常见故障的分析与排除	1）影响设备安装精度的因素 2）设备安装精度的控制方法 3）负荷试验中部件或系统装配质量问题分析与排除	（1）方法：讲授法、演示法、案例教学法 （2）重点与难点：设备找正常规测量与检查方法	8
		3-2-2 能根据精度检验结果调整机械设备的导轨和工作台	（1）机床导轨调试 （2）机床工作台调试	（2）导轨和工作台的调试	1）精度超差调整方法 2）机床导轨调试 3）机床工作台调试	（1）方法：讲授法、演示法、案例教学法 （2）重点与难点：机床导轨的调试	10
		3-2-3 能分析外圆磨床、内圆磨床、平面磨床、万能磨床等设备精度超差的原因	（1）外圆磨床精度超差的原因分析 （2）内圆磨床精度超差的原因分析 （3）平面磨床精度超差的原因分析 （4）万能磨床精度超差的原因分析	（3）精密机械设备精度超差的原因分析	1）精密机械设备常见几何精度超差原因分析 2）外圆磨床精度超差的原因分析 3）内圆磨床精度超差的原因分析 4）平面磨床精度超差的原因分析 5）万能磨床精度超差的原因分析	（1）方法：讲授法、演示法、案例教学法、练习法 （2）重点与难点：精密机械几何精度超差的原因	16
		3-2-4 能进行外圆磨床、内圆磨床、平面磨床、万能磨床等设备的调试	（1）外圆磨床调试 （2）内圆磨床调试 （3）平面磨床调试 （4）万能磨床调试	（4）精密机械设备调试	1）外圆磨床的调试 2）内圆磨床的调试 3）平面磨床的调试 4）万能外圆磨床的调试	（1）方法：讲授法、演示法、案例教学法、练习法 （2）重点与难点：精密机械设备精度调整	16
课堂学时合计							240

附录 5　技师职业技能培训要求与课程规范对照表

2.1.5　技师职业技能培训要求				2.2.5　技师职业技能培训课程规范			
职业功能模块（模块）	培训内容（课程）	技能目标	培训细目	学习单元	课程内容	培训建议	课堂学时
1．装配零件加工	1-1　刮削和研磨	1-1-1　能刮削精密机床导轨，并达到以下要求：在 25 mm×25 mm 范围内接触点为 20~25 点，表面粗糙度 Ra0.4，直线度 0.003 mm/1 000 mm；组合导轨“V、—”“V、V”的平行度公差 0.004 mm/1 000 mm	（1）精密机床导轨刮削	（1）精密机床导轨刮削	1）精密机床导轨刮削工艺分析 ①精密机床导轨的特点 ②精密机床导轨的性能 ③精密机床导轨的刮削方法	（1）方法：讲授法、演示法、练习法 （2）重点：精密机床导轨的刮削工艺 （3）难点：塑胶导轨的检测方法	14
					2）机床塑胶导轨刮削		
		1-1-2　能精研 ϕ100 mm×400 mm 孔，并达到以下要求：圆柱度 ϕ0.008 mm，表面粗糙度 Ra0.4	（1）孔的精研	（2）孔的精研	1）精研的方法	（1）方法：讲授法、演示法、练习法 （2）重点：高精度研磨工艺 （3）难点：气门孔精研	10
					2）高精度研磨工艺分析		
					3）研具制备知识		
					4）气门孔精研		

续表

2.1.5 技师职业技能培训要求				2.2.5 技师职业技能培训课程规范			
职业功能模块（模块）	培训内容（课程）	技能目标	培训细目	学习单元	课程内容	培训建议	课堂学时
1．装配零件加工	1–2 孔系加工	1–2–1 能加工高精度空间孔系	（1）数控机床的操作与编程 （2）高精度空间孔系加工	（1）数控机床操作与编程	1）数控铣床的结构特点	（1）方法：讲授法、演示法、练习法 （2）重点：数控铣床面板操作 （3）难点：数控铣床手工编程	8
					2）数控铣床面板操作		
					3）数控铣床手工编程		
				（2）高精度空间孔系加工	1）高精度空间孔系的特点	（1）方法：讲授法、演示法、练习法 （2）重点：高精度孔系的加工方法	16
					2）高精度孔系加工中提高划线精度的方法		
					3）高精度孔系的加工方法		
					4）使用数控机床加工高精度孔系		
		1–2–2 能根据材料性能合理选用各种先进刀具	（1）新型刀具选择	（3）新型刀具选择	1）机床刀具材料	（1）方法：讲授法、演示法、练习法 （2）重点：先进刀具材料及其应用	4
					2）机床刀具的特点		
					3）机床刀具选择		

续表

2.1.5　技师职业技能培训要求				2.2.5　技师职业技能培训课程规范			
职业功能模块（模块）	培训内容（课程）	技能目标	培训细目	学习单元	课程内容	培训建议	课堂学时
2．机械装配	2–1　编制装配工艺	2–1–1　能提出装配需要的专用夹具、胎具的设计方案并利用CAD软件绘制草图	（1）复杂设备装配图测绘 （2）根据装配需要提出专用夹具、胎具设计方案 （3）绘制专用夹具、胎具设计草图	（1）计算机辅助设计软件基本操作	1）CAD软件基本操作 2）UG软件基本操作	（1）方法：讲授法、演示法、讨论法 （2）重点：CAD软件基本操作 （3）难点：UG软件的编程方法	4
				（2）复杂设备装配图测绘	1）装配图测绘方法 2）复杂设备装配图测绘	（1）方法：讲授法、演示法、练习法 （2）重点：装配图测绘 （3）难点：复杂设备测绘方法	8
				（3）专用夹具设计	1）夹具设计的基本方法 2）专用夹具设计方案编制 3）专用夹具设计草图绘制	（1）方法：讲授法、演示法、练习法 （2）重点：专用夹具设计的基本方法 （3）难点：专用夹具设计草图绘制	12
				（4）专用胎具设计	1）胎具设计的基本方法 2）专用胎具设计方案编制 3）专用胎具设计草图绘制	（1）方法：讲授法、演示法、练习法 （2）重点：专用胎具设计的基本方法 （3）难点：专用胎具设计草图绘制	12

续表

2.1.5　技师职业技能培训要求				2.2.5　技师职业技能培训课程规范			
职业功能模块（模块）	培训内容（课程）	技能目标	培训细目	学习单元	课程内容	培训建议	课堂学时
2. 机械装配	2-1　编制装配工艺	2-1-2　能根据新产品的技术要求编制装配工艺规程	（1）新产品装配工艺文件编制	（5）新产品装配工艺规程编制	1）新技术、新工艺、新设备、新材料知识 2）装配工艺规程编制的基本方法 3）装配工艺规程的基本内容	（1）方法：讲授法、演示法、练习法 （2）重点：装配工艺规程编制方法 （3）难点：新产品装配工艺规程的编制	6
		2-1-3　能编制加工中心等设备的装配工艺文件	（1）加工中心装配工艺文件的编制	（6）加工中心装配工艺文件编制	1）加工中心装配工艺系统图 2）加工中心装配单元系统图 3）加工中心装配工序卡	（1）方法：讲授法、演示法、练习法 （2）重点：加工中心装配工艺 （3）难点：加工中心装配工艺规程的编制	8
	2-2　高精数控设备装配	2-2-1　能装配高速、精密、复杂设备，并达到技术要求	（1）高速设备的装配与调整 （2）精密设备的装配与调整 （3）大型复杂设备的装配与调整	（1）高速设备装配与调整	1）高速电机的装配与调整 2）高速设备中轴承的装与配调整 3）主轴的装配与调整	（1）方法：讲授法、演示法、讨论法 （2）重点：高速设备的装配与调整 （3）难点：保证高速设备装配精度	12
				（2）精密设备装配与调整	1）精密机床主轴导轨装配与调整 2）精密机床组合导轨装配与调整 3）精密机床床身装配与调整	（1）方法：讲授法、演示法、讨论法 （2）重点：精密机床的装配与调整	12
				（3）大型复杂设备装配与调整	1）大型机床多段拼接床身的装配与调整 2）大型机床立柱的装配与调整	（1）方法：讲授法、演示法、讨论法 （2）重点：大型机械设备的装配与调整 （3）难点：大型机床立柱的安装工艺	12

续表

2.1.5 技师职业技能培训要求				2.2.5 技师职业技能培训课程规范			
职业功能模块（模块）	培训内容（课程）	技能目标	培训细目	学习单元	课程内容	培训建议	课堂学时
2．机械装配	2–2 高精数控设备装配	2–2–2 能对数控机床进行装配	（1）数控机床的装配调整	（4）数控机床装配与调整	1）加工中心的工作原理 2）加工中心的构造 3）加工中心装配的基本原则 4）加工中心的装配与调整	（1）方法：讲授法、演示法、讨论法 （2）重点：数控机床的装配与调整	12
3．设备检验、调试	3–1 精度检验	3–1–1 能运用精密量仪对精密机械零件进行精度检验	（1）运用激光扫描仪进行精密零件精度检验 （2）运用三坐标测量仪进行精密零件精度检验	（1）运用激光扫描仪测量精密零件	1）激光扫描仪的结构和工作原理 2）运用激光扫描仪测量精密零件	（1）方法：讲授法、演示法、练习法 （2）重点：激光扫描仪的使用 （3）难点：运用激光扫描仪测量精密零件	8
				（2）运用三坐标测量仪测量精密零件	1）三坐标测量仪的结构和工作原理 2）运用三坐标测量仪测量精密零件	（1）方法：讲授法、演示法、练习法 （2）重点：三坐标测量仪的使用 （3）难点：运用三坐标测量仪测量精密零件	8

续表

2.1.5 技师职业技能培训要求				2.2.5 技师职业技能培训课程规范			
职业功能模块（模块）	培训内容（课程）	技能目标	培训细目	学习单元	课程内容	培训建议	课堂学时
3．设备检验、调试	3-1 精度检验	3-1-2 能对高精设备试件不合格项的产生原因进行综合分析并予以处理	（1）高精度设备试件形状尺寸不合格项的原因及消除 （2）高精度设备试件位置尺寸不合格项的原因及消除 （3）高精度设备试件表面质量不合格项的原因及消除	（3）高精度设备试件形状尺寸不合格项的原因分析及消除	1）高精度设备试件形状尺寸不合格项的原因分析	（1）方法：讲授法、演示法、练习法 （2）重点：试件形状尺寸不合格项的原因分析 （3）难点：试件形状尺寸不合格项的消除方法	6
					2）高精度设备试件形状尺寸不合格项的消除		
				（4）高精度设备试件位置尺寸不合格项的原因分析及消除	1）高精度设备试件位置尺寸不合格项的原因分析	（1）方法：讲授法、演示法、练习法 （2）重点：试件位置尺寸不合格项的原因分析 （3）难点：试件位置尺寸不合格项消除方法	6
					2）高精度设备试件位置尺寸不合格项消除		
				（5）高精度设备试件表面质量不合格项的原因分析及消除	1）高精度设备试件表面质量不合格项的原因分析	（1）方法：讲授法、演示法、练习法 （2）重点：试件表面质量不合格项的原因分析 （3）难点：试件表面质量不合格项消除方法	6
					2）高精度设备试件表面质量不合格项的消除		

续表

<table>
<tr><th colspan="4">2.1.5 技师职业技能培训要求</th><th colspan="4">2.2.5 技师职业技能培训课程规范</th></tr>
<tr><th>职业功能模块（模块）</th><th>培训内容（课程）</th><th>技能目标</th><th>培训细目</th><th>学习单元</th><th>课程内容</th><th>培训建议</th><th>课堂学时</th></tr>
<tr><td rowspan="15">3. 设备检验、调试</td><td rowspan="6">3-1 精度检验</td><td rowspan="6">3-1-3 能对高速、精密、复杂设备的几何精度进行检验，并进行分析，提出提高设备精度的方法</td><td rowspan="6">（1）高速、精密、复杂设备的几何精度检验
（2）高速、精密、复杂设备的几何精度检验超差原因分析</td><td rowspan="3">（6）高速、精密、复杂设备的几何精度检验</td><td>1）数控车床几何精度的检验</td><td rowspan="3">（1）方法：讲授法、演示法、练习法
（2）重点：精密测量仪器的使用
（3）难点：几何精度的检验方法</td><td rowspan="3">12</td></tr>
<tr><td>2）数控铣床几何精度的检验</td></tr>
<tr><td>3）加工中心几何精度的检验</td></tr>
<tr><td rowspan="3">（7）高速、精密、复杂设备的几何精度检验超差原因分析</td><td>1）数控机床几何精度的检验标准</td><td rowspan="3">（1）方法：讲授法、演示法、练习法
（2）重点：几何精度的检验标准
（3）难点：几何精度超差原因分析</td><td rowspan="3">4</td></tr>
<tr><td>2）几何精度超差原因分析</td></tr>
<tr><td>3）提高设备精度的方法</td></tr>
<tr><td rowspan="9">3-2 设备调试</td><td rowspan="9">3-2-1 能编写大型内燃机、螺杆式压缩机等大型、重型机械设备的检测文件，并进行调试</td><td rowspan="9">（1）大型内燃机检测文件的编写
（2）大型内燃机的安装调试
（3）螺杆式压缩机检测文件的编写
（4）螺杆式压缩机安装调试</td><td rowspan="5">（1）大型内燃机检测文件的编写与安装调试</td><td>1）大型机械设备的安装方法及注意事项</td><td rowspan="5">（1）方法：讲授法、演示法、讨论法
（2）重点：大型内燃机检测文件的编制
（3）难点：大型内燃机的安装与调试运行</td><td rowspan="5">16</td></tr>
<tr><td>2）大型内燃机的结构组成和工作原理</td></tr>
<tr><td>3）大型内燃机检测文件的编制</td></tr>
<tr><td>4）大型内燃机的安装</td></tr>
<tr><td>5）大型内燃机调试运行</td></tr>
<tr><td rowspan="4">（2）螺杆式压缩机检测文件的编写与安装调试</td><td>1）螺杆式压缩机的结构组成和基本原理</td><td rowspan="4">（1）方法：讲授法、演示法、讨论法
（2）重点：螺杆式压缩机检测文件的编制
（3）难点：螺杆式压缩机的安装与调试运行</td><td rowspan="4">16</td></tr>
<tr><td>2）螺杆式压缩机检测文件的编制</td></tr>
<tr><td>3）螺杆式压缩机的安装</td></tr>
<tr><td>4）螺杆式压缩机调试运行</td></tr>
</table>

续表

2.1.5 技师职业技能培训要求				2.2.5 技师职业技能培训课程规范			
职业功能模块（模块）	培训内容（课程）	技能目标	培训细目	学习单元	课程内容	培训建议	课堂学时
3．设备检验、调试	3-2 设备调试	3-2-2 能编写大型自动化生产线的检测文件，并进行调试	（1）大型自动化生产线检测文件的编写 （2）大型自动化生产线的安装调试	（3）大型自动化生产线检测文件的编写	1）大型自动化生产线的功能特点和工艺流程	（1）方法：讲授法、演示法、讨论法 （2）重点：大型自动化生产线检测文件的编制	8
					2）大型自动化生产线的安装方法		
					3）大型自动化生产线检测文件的编制		
				（4）大型自动化生产线的安装调试	1）大型自动化生产线机械设备的安装与调试	（1）方法：讲授法、演示法、讨论法 （2）重点：大型自动化生产线 PLC 控制单元的调试 （3）难点：大型自动化生产线综合调试运行	12
					2）大型自动化生产线电气控制单元的安装与调试		
					3）大型自动化生产线 PLC 控制单元的调试		
					4）大型自动化生产线综合调试与试运行		
4．培训与管理	4-1 培训	4-1-1 能指导本职业初级、中级、高级工进行实际操作	（1）指导实际作业操作	（1）实操指导	1）实操指导的目的、作用和基本方法	（1）方法：讲授法、演示法、讨论法 （2）重点：实操指导 （3）难点：实操指导的效果评价和分析方法	8
					2）实操指导的准备工作		
					3）实操指导的效果评价和分析		

续表

2.1.5 技师职业技能培训要求				2.2.5 技师职业技能培训课程规范			
职业功能模块（模块）	培训内容（课程）	技能目标	培训细目	学习单元	课程内容	培训建议	课堂学时
4. 培训与管理		4-1-2 能编写培训计划、培训大纲和作业指导书	（1）编写培训计划、培训大纲 （2）编写作业指导书	（2）编写培训计划、培训大纲	1）编写培训计划和培训大纲的意义	（1）方法：讲授法、演示法、讨论法 （2）重点：培训计划、培训大纲的编写方法	8
					2）培训计划、培训大纲的基本要素及编写方法		
				（3）编写作业指导书	1）编写作业指导书的意义	（1）方法：讲授法、演示法、讨论法 （2）重点：作业指导书的编写方法	8
					2）作业指导书的基本要素及编写方法		
	4-2 管理	4-2-1 能根据本职业各项质量标准编制质量管理方案	（1）编制质量管理方案	（1）编制质量管理方案	1）质量管理标准介绍	（1）方法：讲授法、演示法、讨论法 （2）重点：编制质量管理方案 （3）难点：质量管理与分析控制方法及其应用	8
					2）质量分析与控制方法		
					3）质量管理方案编制及其应用		
		4-2-2 能撰写技术总结	（1）撰写技术总结	（2）撰写技术总结	1）编写技术总结的必要性	（1）方法：讲授法、演示法、讨论法 （2）重点：撰写技术总结 （3）难点：撰写技术总结的总体评价	8
					2）技术总结的基本要素及编写方法		
					3）撰写技术总结的总体评价		
		4-2-3 能编写人员协同作业方案	（1）编写人员协同作业方案	（3）班组产线管理	1）生产计划与调度	（1）方法：讲授法、演示法、讨论法 （2）重点：生产计划与调度 （3）难点：生产绩效考评	8
					2）生产成本管理		
					3）生产绩效考评与工作总结		
课堂学时合计							300

附录 6　高级技师职业技能培训要求与课程规范对照表

2.1.6　高级技师职业培训要求				2.2.6　高级技师职业技能培训课程规范			
职业功能模块（模块）	培训内容（课程）	技能目标	培训细目	学习单元	课程内容	培训建议	课堂学时
1．装配零件加工	1-1　特种加工	1-1-1　能使用超精密加工设备及特种加工技术进行零件加工	（1）加工中心的操作与编程 （2）激光加工设备应用 （3）数控电火花线切割机床操作与编程	（1）加工中心操作与编程	1）加工中心基本操作 ①加工中心面板操作 ②加工中心坐标系设定 ③加工中心综合加工 2）加工中心编程 ①加工中心程序编制基础 ②加工中心程序编制方法 ③加工中心常用编程指令 3）使用加工中心进行装配零件加工	（1）方法：讲授法、案例教学法 （2）重点：加工中心数控编程 （3）难点：使用加工中心进行零件加工	16
				（2）激光加工设备的操作与应用	1）激光加工设备的种类 2）激光加工的基本原理与方法 3）装配零件激光加工	（1）方法：讲授法 （2）重点：激光加工基本原理 （3）难点：激光加工参数调整	6
				（3）数控电火花线切割加工设备的操作与编程	1）数控电火花线切割机床操作 ①电火花线切割原理与基本操作 ②零件线切割的装夹 ③线切割参数的设置与加工 2）数控电火花线切割程序编制 ① 3B 格式程序编制 ②线切割 CAD 软件的使用 ③线切割 CAM 软件的使用 3）装配零件电火花线切割加工	（1）方法：讲授法、案例教学法 （2）重点：CAD 软件使用，CAM 系统参数的使用 （3）难点：数控电火花线切割加工	10

续表

2.1.6 高级技师职业培训要求				2.2.6 高级技师职业技能培训课程规范			
职业功能模块（模块）	培训内容（课程）	技能目标	培训细目	学习单元	课程内容	培训建议	课堂学时
1．装配零件加工	1-2 刮削和研磨	1-2-1 能组织解决刮削和研磨过程中出现的疑难问题	（1）解决细长工件刮削过程中出现的疑难问题 （2）解决大表面积工件在研磨过程中平面度的问题 （3）解决超薄工件在研磨过程中变形的问题	（1）解决刮削和研磨过程中出现的疑难问题	1）刮研疑难问题的常用解决办法 ①正确使用校准工具 ②高精度刮削技巧 ③刮削精度补偿	（1）方法：讲授法、案例教学法 （2）重点：复杂零件的刮削 （3）难点：刮削的精度补偿，研磨过程中平面度的保障，超薄工件在研磨过程中变形的消除	8
					2）解决细长工件刮削过程中出现的疑难问题		
					3）解决大表面积工件在研磨过程中平面度的问题		
					4）解决超薄工件在研磨过程中变形的问题		
		1-2-2 能超精研磨 $\phi100$ mm×400 mm 孔，并达到以下要求：圆柱度 0.006 mm，表面粗糙度 $Ra0.1$	（1）超精研磨	（2）超精研磨	1）超精研磨技术	（1）方法：讲授法、案例教学法 （2）重点：超精密研磨技巧 （3）难点：超精密零件研磨质量的保障	8
					2）超精研磨精度测量		
					3）液压缸研磨		

续表

2.1.6 高级技师职业培训要求				2.2.6 高级技师职业技能培训课程规范			
职业功能模块（模块）	培训内容（课程）	技能目标	培训细目	学习单元	课程内容	培训建议	课堂学时
2．机械装配	2-1 编制装配工艺	2-1-1 能设计专用夹具、胎具并制图	（1）计算机三维软件应用 （2）专用夹具设计 （3）专用胎具设计	（1）计算机三维软件应用	1）计算机辅助制造（CAM）软件基本操作	（1）方法：讲授法、案例教学法 （2）重点：三维造型 （3）难点：特征实体造型	12
					2）三维造型		
					3）实体造型		
					4）特征造型		
				（2）专用夹具设计	1）铣床零件分析	（1）方法：讲授法、案例教学法 （2）重点：夹具设计基本原理 （3）难点：合理设计夹具，装配图绘制	8
					2）铣床夹具结构分析		
					3）铣床夹具设计		
					4）铣床夹具设计图绘制 ①零件图绘制 ②装配图绘制		
				（3）专用胎具设计	1）钻孔类零件分析	（1）方法：讲授法、案例教学法 （2）重点：胎具设计基本原理 （3）难点：合理设计胎具，装配图绘制	8
					2）钻床胎具结构分析		
					3）钻床胎具设计		
					4）钻床胎具设计图绘制 ①零件图绘制 ②装配图绘制		

续表

2.1.6 高级技师职业培训要求				2.2.6 高级技师职业技能培训课程规范			
职业功能模块（模块）	培训内容（课程）	技能目标	培训细目	学习单元	课程内容	培训建议	课堂学时
2．机械装配	2-1 编制装配工艺	2-1-2 能进行精密、大型、专用设备装配工艺的编制	（1）数控坐标镗床装配工艺文件编制 （2）数控齿轮磨床装配工艺文件编制	（4）精密设备装配工艺文件编制	1）数控坐标镗床装配图分析	（1）方法：讲授法、案例教学法 （2）重点：装配工艺文件编制 （3）难点：装配工艺的合理性	6
					2）数控坐标镗床装配工艺路线制定		
					3）数控坐标镗床装配工艺文件编制		
				（5）专用设备装配工艺文件编制	1）数控齿轮磨床装配图分析	（1）方法：讲授法、案例教学法 （2）重点：装配图分析 （3）难点：装配图工艺编制	6
					2）数控齿轮磨床装配工艺路线制定		
					3）数控齿轮磨床装配工艺文件编制		
	2-2 装配与调整	2-2-1 能解决高速、精密、复杂设备装配中出现的机械技术难题	（1）解决高速设备装配中出现的机械技术难题 （2）解决精密设备装配中出现的机械技术难题 （3）解决复杂设备装配中出现的机械技术难题	（1）解决精密部件装配中出现的机械技术难题	1）静压导轨的装配与调整	（1）方法：讲授法、案例教学法 （2）重点：影响机床主轴组件精度的因素 （3）难点：提高主轴组件精度的措施	12
					2）塑料导轨的装配与调整		
					3）滚珠丝杠副与支撑轴承的配合		
					4）滚珠丝杠副的装配工艺		
					5）影响机床主轴组件精度的因素		
					6）提高主轴组件精度的措施		
				（2）解决高速、复杂设备装配中出现的机械技术难题	1）多轴数控机床的构成	（1）方法：讲授法、案例教学法 （2）重点：多轴数控机床定位精度的调整 （3）难点：反向间隙的确定与补偿	30
					2）多轴数控机床的装调过程		
					3）定位精度与反向间隙的调整		
					4）旋转轴定位精度与间隙调整		
					5）刀库的复位与刀具号的设定调整		

续表

2.1.6　高级技师职业培训要求				2.2.6　高级技师职业技能培训课程规范			
职业功能模块（模块）	培训内容（课程）	技能目标	培训细目	学习单元	课程内容	培训建议	课堂学时
3．设备检验、调试	3–1　设备性能及精度检验	3–1–1　能进行复杂设备的装配及整机精度检验	（1）零件探伤 （2）材料分析	（1）零件探伤	1）探伤的基本知识	（1）方法：讲授法、案例教学法 （2）重点：超声波探伤 （3）难点：X 光射线探伤	4
					2）X 光射线探伤		
					3）超声波探伤		
					4）磁粉探伤		
					5）渗透探伤		
					6）涡流探伤		
					7）R 射线探伤		
					8）荧光探伤		
				（2）材料分析	1）材料金相分析	（1）方法：讲授法、案例教学法 （2）重点：材料金相分析 （3）难点：材料光谱分析	4
					2）材料光谱分析		
					3）材料化学成分析		
	3–2　设备调试	3–2–1　能解决高速、精密、复杂设备在试验中出现的振动、变形、噪声等疑难问题	（1）高速、精密复杂设备在试验中的振动分析与解决 （2）高速、精密复杂设备在试验中的变形分析与解决 （3）高速、精密复杂设备在试验中的噪声分析与解决	（1）解决高速、精密、复杂设备在试验中出现的振动问题	1）振动的特性	（1）方法：讲授法、案例教学法 （2）重点：旋转机械的振动标准 （3）难点：振动的测量与排除	8
					2）旋转机械的振动标准		
					3）振动的规律		
					4）旋转机械的振动检测		
					5）振动排除方法		
				（2）解决高速、精密、复杂设备在试验中出现的变形问题	1）变形的种类	（1）方法：讲授法、案例教学法 （2）重点：变形的原因 （3）难点：减少变形的方法	6
					2）变形的原因		
					3）减少变形的方法		
				（3）解决高速、精密、复杂设备在试验中出现的噪声问题	1）噪声的基本知识	（1）方法：讲授法、案例教学法 （2）重点：噪声的测量 （3）难点：降低噪声的途径	6
					2）噪声的测量		
					3）降低噪声的方法		

续表

2.1.6　高级技师职业培训要求				2.2.6　高级技师职业技能培训课程规范			
职业功能模块（模块）	培训内容（课程）	技能目标	培训细目	学习单元	课程内容	培训建议	课堂学时
4．培训管理	4-1　培训	4-1-1　能指导本职业技师进行实际操作	（1）指导技师实际作业操作	（1）指导万能分度头划线应用与装配作业操作	1）作业指导准备 2）作业指导过程 3）作业质量检验和指导评价	（1）方法：讲授法、案例教学法 （2）重点：作业指导过程 （3）难点：作业质量检验和指导评价	4
				（2）指导典型铣床主轴、工作台装配调整作业操作	1）作业指导准备 2）作业指导步骤 3）作业质量检验和指导评价	（1）方法：讲授法、案例教学法 （2）重点：装配调整作业步骤 （3）难点：作业质量检测	4
				（3）指导机床床身精度检测作业操作	1）作业指导准备 2）作业指导过程 3）作业质量检验和指导评价	（1）方法：讲授法、案例教学法 （2）重点：机床床身精度检测 （3）难点：机床床身精度检测作业指导质量评价	4
		4-1-2　能编制培训讲义	（1）编制培训讲义	（4）编写作业指导讲义	1）作业指导讲义的内容和编写方法 2）机床设备安装、调试作业指导讲义编写 3）机床床身精度检测作业指导讲义编写	（1）方法：讲授法、案例教学法 （2）重点：作业指导讲义编写的基本方法 （3）难点：编制培训讲义	6

续表

2.1.6 高级技师职业培训要求				2.2.6 高级技师职业技能培训课程规范			
职业功能模块（模块）	培训内容（课程）	技能目标	培训细目	学习单元	课程内容	培训建议	课堂学时
4．培训管理	4–2 管理	4–2–1 能编制生产计划、调度计划及人员管理计划	（1）生产计划编制 （2）调度计划编制 （3）人员管理计划编制	（1）生产管理	1）生产计划编制 2）调度计划编制 3）人员管理方案编制	（1）方法：讲授法、案例教学法 （2）重点：人员管理计划编制 （3）难点：生产计划与调度计划编制	16
		4–2–2 能进行工程计划核算	（1）工程计划核算	（2）工程计划核算	1）人工成本核算 2）物料成本核算 3）设备费用核算 4）其他费用核算 5）不可预见费用核算	（1）方法：讲授法、案例教学法 （2）重点：人工成本核算	8
课堂学时合计							200